全国高等职业教育规划教材

移动通信网络测试与分析

贾 跃 编著

机械工业出版社

本书从实际工程应用的角度出发，对 CDMA 2000 网络测试方法、测试工具使用和典型测试案例分析做了全面介绍。本书共分为 7 个任务，系统讲述了网络优化测试及分析软件的安装和使用、CDMA 话音业务测试方法和规范、移动网络性能指标和话音业务测试数据的分析、掉话鉴别模板和掉话案例的分析、接入流程和接入失败案例的分析、软切换过程和软切换失败案例的分析以及 FTP 下载业务的测试。

本书结构新颖、内容详尽、可操作性强，以移动网络测试与优化过程为框架，筛选组合知识和技能，形成了相互独立又彼此相关的教学任务，实现了过程化学习。

本书可作为高职高专院校通信技术及相关专业学生的教材，也可作为通信行业中从事网络建设、网络测试维护及网络优化的工程技术人员的参考手册。

本书配有授课电子课件，需要的教师可登录 www.cmpedu.com 免费注册，审核通过后下载，或联系编辑索取（QQ：1239258369，电话：010-88379739）。

图书在版编目（CIP）数据

移动通信网络测试与分析 / 贾跃编著. —北京：机械工业出版社，2015.12

全国高等职业教育规划教材

ISBN 978-7-111-52610-0

Ⅰ. ①移… Ⅱ. ①贾… Ⅲ. ①移动网－高等职业教育－教材

Ⅳ. ①TN929.5

中国版本图书馆 CIP 数据核字（2016）第 001779 号

机械工业出版社（北京市百万庄大街 22 号 邮政编码 100037）

策划编辑：王 颖 责任编辑：王 颖

责任校对：张艳霞 责任印制：李 洋

北京宝昌彩色印刷有限公司印刷

2016 年 4 月第 1 版·第 1 次印刷

184mm×260mm · 11.75 印张 · 290 千字

0001—3000 册

标准书号：ISBN 978-7-111-52610-0

定价：29.90 元

出 版 说 明

《国务院关于加快发展现代职业教育的决定》指出：到 2020 年，形成适应发展需求、产教深度融合、中职高职衔接、职业教育与普通教育相互沟通，体现终身教育理念，具有中国特色、世界水平的现代职业教育体系，推进人才培养模式创新，坚持校企合作、工学结合，强化教学、学习、实训相融合的教育教学活动，推行项目教学、案例教学、工作过程导向教学等教学模式，引导社会力量参与教学过程，共同开发课程和教材等教育资源。机械工业出版社组织全国 60 余所职业院校（其中大部分是示范性院校和骨干院校）的骨干教师共同策划、编写并出版的"全国高等职业教育规划教材"系列丛书，已历经十余年的积淀和发展，今后将更加结合国家职业教育文件精神，致力于建设符合现代职业教育教学需求的教材体系，打造充分适应现代职业教育教学模式的、体现工学结合特点的新型精品化教材。

"全国高等职业教育规划教材"涵盖计算机、电子和机电三个专业，目前在销教材 300 余种，其中"十五""十一五""十二五"累计获奖教材 60 余种，更有 4 种获得国家级精品教材。该系列教材依托于高职高专计算机、电子、机电三个专业编委会，充分体现职业院校教学改革和课程改革的需要，其内容和质量颇受授课教师的认可。

在系列教材策划和编写的过程中，主编院校通过编委会平台充分调研相关院校的专业课程体系，认真讨论课程教学大纲，积极听取相关专家意见，并融合教学中的实践经验，吸收职业教育改革成果，寻求企业合作，针对不同的课程性质采取差异化的编写策略。其中，核心基础课程的教材在保持扎实的理论基础的同时，增加实训和习题以及相关的多媒体配套资源；实践性较强的课程则强调理论与实训紧密结合，采用理实一体的编写模式；涉及实用技术的课程则在教材中引入了最新的知识、技术、工艺和方法，同时重视企业参与，吸纳来自企业的真实案例。此外，根据实际教学的需要对部分课程进行了整合和优化。

归纳起来，本系列教材具有以下特点：

1）围绕培养学生的职业技能这条主线来设计教材的结构、内容和形式。

2）合理安排基础知识和实践知识的比例。基础知识以"必需、够用"为度，强调专业技术应用能力的训练，适当增加实训环节。

3）符合高职学生的学习特点和认知规律。对基本理论和方法的论述容易理解、清晰简洁，多用图表来表达信息；增加相关技术在生产中的应用实例，引导学生主动学习。

4）教材内容紧随技术和经济的发展而更新，及时将新知识、新技术、新工艺和新案例等引入教材。同时注重吸收最新的教学理念，并积极支持新专业的教材建设。

5）注重立体化教材建设。通过主教材、电子教案、配套素材光盘、实训指导和习题及解答等教学资源的有机结合，提高教学服务水平，为高素质技能型人才的培养创造良好的条件。

由于我国高等职业教育改革和发展的速度很快，加之我们的水平和经验有限，因此在教材的编写和出版过程中难免出现问题和疏漏。恳请使用这套教材的师生及时向我们反馈质量信息，以利于我们今后不断提高教材的出版质量，为广大师生提供更多、更适用的教材。

机械工业出版社

前　言

随着移动通信技术的发展和以 CDMA 为基础的 3G（第三代移动通信）网络在我国的普及与应用，移动通信网络正越来越广泛地影响着人们的日常生活。近年来，我国移动运营商不断对 3G 网络进行建设、扩容和升级改造，关注的问题已经从网络的规模建设逐渐转移到网络的性能优化上。规模不断增大的移动网络需要大量工程技术人员对其进行网络数据测试、网络性能评估及网络运营优化等工作。

本书从实际工程应用的角度出发，对 CDMA 2000 网络测试方法、测试工具使用和典型测试案例分析做了全面介绍。通过对 Pilot Pioneer 路测软件和 Pilot Navigator 分析软件使用方法的详细介绍，结合 CDMA 网络测试规范和要求，以任务描述、知识准备、任务实施和验收评价的任务驱动形式对实际网络测试中的各种测试方法和测试技能进行讲解，使学生能够直接、感性地学习 CDMA 网络测试知识，并在掌握网络测试要求和规范标准的同时迅速将所学知识转化为实际操作技能。

本书以 CDMA 2000 移动网络测试与优化实际工作环境为依据，按照移动网络运行维护的实施步骤编写，内容包括组建网络优化测试系统、采集话音覆盖数据、评估话音覆盖情况、检测解析掉话故障、观察分析接入数据、观察分析切换数据和测试 FTP 下载业务共 7 个任务。书中系统地讲述了网络优化测试及分析软件的安装和使用、CDMA 话音业务测试方法和规范、移动网络性能指标和话音业务测试数据的分析、掉话鉴别模板和掉话案例的分析、接入流程和接入失败案例的分析、软切换过程和软切换失败案例的分析以及 FTP 下载业务的测试。本书内容细致实用，每部分都结合测试软件对测试关键步骤进行详细讲解。案例部分通过对实际网络中的典型测试案例进行分析，使学生能够将学到的测试方法直接应用到网络测试与性能分析中，能够更深入地掌握网络优化的实用技能。

本书力求改变操作验证原理的传统教材结构，以移动网络测试与优化的过程为框架，对知识和技能进行筛选组合，形成了既具有独立性，彼此间又紧密相连的教学任务，实现了知识和技能的过程化学习。本书可作为高职高专院校通信技术及相关专业学生的教材，也可作为通信行业中从事网络建设、网络测试维护及网络优化的工程技术人员的参考手册。

本书由北京信息职业技术学院贾跃副教授编著，在编写过程中得到了深圳讯方通信技术股份有限公司的大力支持，在此深表感谢。同时，还要感谢所有在本书写作过程中给予指导、帮助和鼓励的朋友，正是有了他们的付出，才使本书得以顺利完成。

由于编者水平有限，书中难免存在不足之处，真诚希望广大读者提出宝贵意见，以便进一步修改完善。

编　者

目　录

任务 1　组建网络优化测试系统

【学习目标】
◇ 熟悉移动网络优化的目标、内容和流程。
◇ 了解移动通信及 CDMA 系统的发展历程。
◇ 了解 CDMA 系统的特点及优势。
◇ 掌握 CDMA 系统的频率分配和网络结构。
◇ 连接网络优化设备，安装测试和分析软件。

1.1　任务描述

移动网络优化的基础是使用测试系统对数据进行采集和分析。网络优化测试系统由硬件和软件两部分组成，硬件包括测试用计算机、测试用手机、全球定位系统（Global Positioning System，GPS）天线及电源适配器等；软件则包括前台数据采集和后台数据分析两个程序。本次任务完成网络优化设备的连接并安装路测及分析软件，"组建网络优化测试任务"说明如表 1-1 所示。

表 1-1　"组建网络优化测试系统"任务说明

工作内容	连接测试设备	安装路测软件	安装分析软件
硬件设备	测试计算机和手机、GPS 天线、硬件锁	测试计算机和硬件锁	测试计算机和硬件锁
软件工具	手机和 GPS 驱动程序	Pilot Pioneer	Pilot Navigator

1.1.1　网络优化的目标

网络优化是移动通信系统运营中的一项重要工作，其主要目的就是通过数据采集和分析，找出业务质量差或资源利用率不高的原因，并通过参数调整等手段使网络达到最佳运行状态，获得最佳资源效益；同时了解网络的增长趋势，为扩容提供依据。网络优化涉及两个方面的问题，一方面是要对网络运行中存在的质量问题（诸如覆盖不好、话音质量差、掉话、网络拥塞、切换成功率低和数据业务性能不佳等）予以解决；另一方面还要通过优化资源配置，对整个网络的资源进行合理调配和运用，以适应需求的改变，最大程度地发挥设备的潜能，获得最大投资效益。

移动通信网是一个不断变化的网络，系统结构、无线环境、用户分布和使用行为都在不断改变。同时，规模的扩张、覆盖的复杂化、业务模型的变化都会导致网络当前的性能和运行情况偏离最初的设计要求，这些都需要对网络进行调整加以适应。因此，网络优化是一项长期的持续性的系统工程，需要不断探索，积累经验。只有解决好网络中出现的各种问题，优化资源配置，改善运行环境，提高业务质量，才能使网络运行在最佳状态，为移动通信业务的发展提供有力的技术支持。

1.1.2 网络优化的内容

网络优化是一项贯穿于整个网络发展全过程的长期工程，同时也是一项系统工程，包含了一系列优化方式，如覆盖优化、话务量优化、设备优化、干扰信号分析和资金的优化使用等。网络优化可改善系统的硬件和软件环境。"硬件优化"主要包括天线优化和设备故障排除等工作；"软件优化"主要指频率优化、无线参数调整和配置参数核查等内容。

1.1.3 单站优化的步骤

单站点优化工作大体可分为"现网情况调查""数据采集""制定优化方案"和"实施优化方案并测试"4 个步骤。

1．现网情况调查

现网情况调查的主要工作内容是收集网络设计目标和能反映现网总体运行及工程情况的系统数据，通过比较和分析，定位需要优化的对象，为下一步更具体的数据采集、深入分析和问题定位做好准备。

2．数据采集

数据采集的主要工作内容是通过各种测试手段更有针对性地对网络性能和质量情况进行测试。

3．制定优化方案

制定优化方案这一步的工作主要是对采集来的系统数据和网络测试数据进行深入系统分析，结合现网运行和工程情况制定出适宜的优化调整方案。

4．实施优化方案并测试

在完成了前三步之后，就需要对制定的优化方案进行具体实施。系统调整完毕之后，需要重新进行网络测试，并与优化前的测试结果进行比较，以验证优化的效果。

以上过程是一个不断循环反复的过程，在优化方案实施之后，需要重新进行数据采集和分析以验证优化措施的有效性，对于未能解决的网络问题或由于调整不当带来的新问题需要重新优化调整，如此不断循环，才能使网络质量不断提高，保持最佳运行状态。

1.1.4 全网优化的流程

全网优化需要经过单站优化、小区簇（15～20 个小区）级优化和系统级优化 3 个阶段，每一阶段大致都需要完成上述 4 个环节，具体实施步骤包括测试和分析、制定优化方案、优化实施、完成优化报告和优化结果考核等，移动全网优化流程如图 1-1 所示。图中"确保具备优化条件"是指需要确保设备按照设计安装完毕，能完成基本呼叫且系统稳定，需要收集的系统数据资料收集齐备以及优化要用到的软硬件工具已经具备等条件。

每一阶段的优化工作都需要分别进行空载优化和加载优化，空载优化的主要目的是对网络设备的基本运行参数和相邻小区问题进行优化，而加载优化的主要目的是对覆盖盲区和导频污染等系统性能问题进行优化。在网络投入运行一段时间之后，进行空载优化的难度比较大，可以只进行加载优化，但对于网络开通初期和新加基站，进行空载优化是十分必要的。

　　网络优化工作是一项技术含量较高的日常维护工作，要求优化人员不仅有精深的移动通信理论知识，还要有丰富的网络维护实践经验。要不断监视网络的各项技术数据，并反复多次进行路测，通过对数据进行全面分析来发现问题。最终通过对设备参数的调整使网络的性能指标达到最佳状态，最大限度地发挥网络能力，提高网络的平均服务质量。

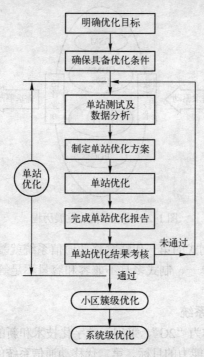

图 1-1　移动全网优化流程

1.2　知识准备

1.2.1　移动通信的发展

　　移动通信的历史可以追溯到 20 世纪初，但在近 30 年来才得到飞速发展。移动通信技术的发展以开辟新的移动通信频段，有效利用频率和移动台的小型化、轻便化为中心，其中有效利用频率技术是移动通信的核心。1974 年，美国贝尔实验室提出了蜂窝（Cellular）的概念和理论。此后，蜂窝移动通信系统经历了三代演变，移动通信的发展历程如图 1-2 所示。

1．第一代蜂窝移动通信系统

　　第一代移动通信系统简称为"1G"，以 1978 年美国贝尔实验室研究开发的高级移动电话系统为标志。同一时期，英国、日本、德国和北欧国家也相继研制和开发了自己的第一代移动通信系统。第一代移动通信系统的主要标准包括美国的高级移动电话系统（Advanced Mcbile Phone System，AMPS）、英国的全向接入通信系统（Total Access Communications

System，TACS）、北欧的北欧移动电话（Nordic Mobile Telephong,NMT）、日本的日本电信（Nippon Telegraph and Telephone，NTT）等。1987 年 11 月，我国第一个 TACS 蜂窝移动电话系统在广东省建成并投入商用。

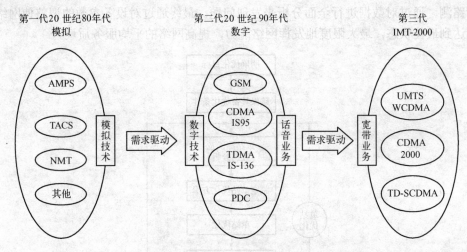

图 1-2   移动通信的发展历程

仅仅几年后，采用模拟制式的第一代蜂窝移动通信系统就暴露出了频谱利用率低、价格昂贵、设备复杂、业务种类单一、制式多且不兼容和容量不足等严重弊端，这促进了第二代蜂窝移动通信系统的研发。

2. 第二代蜂窝移动通信系统

第二代移动通信系统简称为"2G"，采用了数字化技术和新的调制方式，以实现高容量、低功耗、全球漫游和具备切换能力的目标。第二代移动通信系统的主要标准包括居于市场主导地位的欧洲的全球移动通信系统（Global System for Mobile Communication，GSM）、美国的数字先进移动电话系统（Digital Advanced Mobile Phone System，DAMPS）和码分多址（Code Division Multiple Access，CDMA）95 暂时标准（Interim Standard-95，IS-95）、日本的个人数字蜂窝通信系统（Personal Digital Cellular Telecommunication System，PDC）等。其中，IS-95 是美国电子/通信工业协会（Ecectronic/Telecommunications Industries Associations，E/TIA）于 1993 年确定的蜂窝移动通信标准，它采用了 Qualcomm 公司推出的 CDMA 技术规范。美国联邦通讯委员会（Federal Communications Commission，FCC）要求 IS-95 必须和 AMPS 兼容，即带宽限制在 AMPS 原有的频带框架内，因此，IS-95 是一个窄带 CDMA 系统，只能提供有限的服务。1995 年，世界上第一个 CDMA 蜂窝移动通信系统在中国香港开通，标志着 CDMA 走向商业应用。2000 年 9 月，我国 CDMA 网络建设正式启动。

虽然第二代移动通信系统的系统容量和功能相比于第一代移动通信系统有了很大提高，但提供的业务仍主要局限于传统话音和低速数据，不能满足人们对于多媒体数据以及宽带化、智能化、个人化的综合全球通信业务的需求，用户高速增长与有限系统容量和业务之间的矛盾日趋明显。第二代移动通信系统的巨大成功和业务局限性推动了第三代移动通信系统的研发。

3．第三代蜂窝移动通信系统

第三代移动通信系统简称为"3G"，其标准化工作开始于 1985 年，当时被国际电信联盟（International Telecommunication Union，ITU）称为未来公共陆地移动通信系统（Future Public Land Mobile Telecommunications System，FPLMTS），1996 年更名为国际移动通信系统—2000（International Mobile Telecommunications System-2000，IMT-2000）。IMT-2000 含义为该系统预期在 2000 年以后投入使用，工作于 2000MHz 频带，最高传输数据速率为 2000kbit/s。ITU 于 1997 年制订了 M.1225 建议，对 IMT-2000 无线传输技术提出了最低要求，并面向世界范围征求无线传输建议。具体要求如下。

1）高速率的数据传输以支持多媒体业务，室内环境峰值达到 2Mbit/s，室外步行环境峰值达到 384kbit/s，室外车辆环境峰值达到 144kbit/s。

2）传输速率按需分配。

3）上下行链路能适应不对称业务的需求。

4）简单的小区结构和易于管理的信道结构。

5）灵活的频率和无线资源管理。

为了能够在未来全球化标准的竞赛中取得领先地位，各个国家、地区、公司及标准化组织纷纷向 ITU 提交了各自的无线传输技术候选方案。截止 1998 年 6 月，ITU 共收到 16 项建议，针对地面移动通信的有 10 项之多，其中就包括了原邮电部电信科学技术研究院代表中国提出的时分同步码分多址（Time Division-Synchronous Code Division Multiple Access，TD-SCDMA）技术。2000 年 5 月，ITU 批准了 IMT-2000 的无线接口技术规范建议，它分为码分多址（Code Division Multiple Access，CDMA）和时分多址（Time Division Multiple Access，TDMA）两大类共 5 种技术，其中主流技术为三种码分多址技术。

1）IMT-2000 CDMA-DS，即宽带码分多址（Wideband Code Division Multiple Access，WCDMA），该方案由欧洲国家和日本提出。

2）IMT-2000 CDMA-MC，即码分多址 2000（Code Division Multiple Access 2000，CDMA2000），该方案由美国提出。

3）IMT-2000 CDMA TDD，即时分同步码分多址（Time Division-Synchronous Code Division Multiple Access，TD-SCDMA），该方案由我国提出。

第三代蜂窝移动通信系统可提供包括视频流、音频流、移动互联、移动商务、电子邮件、视频邮件和文件传输等服务，能够真正实现"任何人，在任何地点、任何时间，与任何人"便利通信的目标。目前，已有 106 个国家的 281 个运营商选用 CDMA 2000 作为其 3G 平台，到 2008 年底，已有超过 50％的 CDMA 2000 运营商开始提供基于演进单纯数据（Evolution Data Only，EV-DO）的移动宽带服务。

4．长期演进技术

长期演进（Long Term Evolution，LTE）技术是 3G 向 4G 发展的过渡技术。LTE 改进并增强了 3G 的空中接入技术，采用正交频分复用（Orthogonal Frequency Division Multiplexing，OFDM）和多输入多输出（Multiple-Input Multiple-Output，MIMO）作为其无线网络演进的唯一标准，能显著改善小区边缘用户的性能，提高小区容量和降低系统延迟。与 3G 相比，LTE 的技术特征如下：

1）提高了通信速率，下行峰值速率可达 100Mbit/s、上行可达 50Mbit/s。

2）提高了频谱利用率，下行链路可达 5bit/s/Hz，上行链路可达 2.5 bit/s/Hz。

3）以分组域业务为主要目标，系统整体架构基于分组交换。

4）通过系统设计和严格的服务质量机制，保证了实时业务（如网络电话）的服务质量。

5）系统部署灵活，支持 1.25～20MHz 间的多种系统带宽。

6）降低了无线网络时延，子帧长度为 0.5ms 和 0.675ms。

7）在保持基站位置不变的情况下增加了小区边界的比特速率。

8）强调向下兼容，支持与已有 3G 系统的协同运作。

3G 向 LTE 以及未来 4G 发展的演进路线如图 1-3 所示。

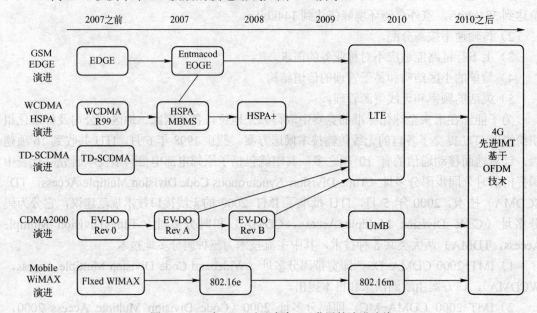

图 1-3　3G 向 LTE 以及未来 4G 发展的演进路线

1.2.2　CDMA 的发展历程

1. CDMA 的基本概念

码分多址（CDMA）是一种应用在无线通信领域中以扩频通信为基础的载波调制和多址接入技术。码分多址系统利用具有正交性或准正交性的码序列（地址码）区分不同用户，在同频、同时的条件下，各个接收机根据不同地址码之间的差异分离出需要的信号。码分多址系统为每个用户分配了各自特定的地址码，并利用公共信道传输信息，码分多址通信系统示意图如图 1-4 所示。

2. CDMA 标准的演进

CDMA 标准包括属于 2G 的 CDMAOne 标准和属于 3G 的 CDMA 2000 标准。CDMA 2000 标准是一个协议族，包括 CDMA 2000 1x 和 CDMA 2000 1x EV-DO。CDMA 2000 1X EV-DO 简称为 EV-DO，它是 Evolution、Data 和 Only 三个单词的缩写。CDMA 2000 标准的演进路线如图 1-5 所示。

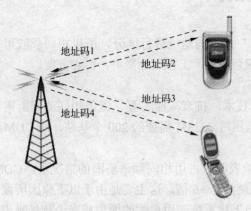

图 1-4 码分多址通信系统示意图

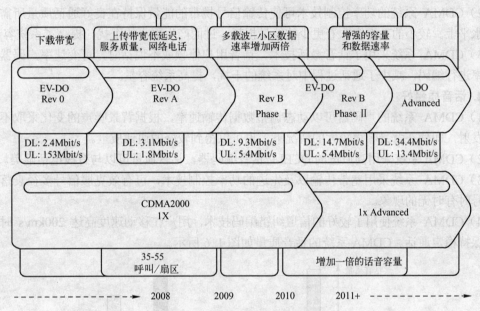

图 1-5 CDMA 2000 标准的演进路线

对应图 1-5，CDMA 标准各阶段特征如表 1-2 所示。

表 1-2 CDMA 标准各阶段特征

标准		速率	业务	阶段
CDMAOne	IS-95A	14.4kbit/s	话音	2G
	IS-95B	64kbit/s		
CDMA2000 1x		上行最大为 307.2kbit/s，下行最大为 307.2kbit/s	话音/数据	2.5G
CDMA2000 1x EV-DO	Rel 0	上行最大为 153.6kbit/s，下行最大为 2.4Mbit/s	数据	3G
	Rev A	上行最大为 1.8Mbit/s，下行最大为 3.1Mbit/s		
	Rev B	上行最大为 5.4Mbit/s，下行最大为 14.7Mbit/s		

1.2.3 CDMA 的特点及优势

1. 网络规划简单

CDMA 系统中的用户按不同地址进行区分，所以相同载波可在相邻小区内使用，频率复用系数高，无线网络规划简单，工程设计简单，扩容方便。

2. 覆盖范围大

CDMA 是一种码分技术，抗衰减能力强，覆盖相同范围所需要的基站少，节省投资。例如，当覆盖 1000km^2 范围时，GSM 需要约 200 个基站，而 CDMA 只需要约 50 个基站。

3. 系统容量大

理论计算和现场试验表明，占用相同频谱资源的情况下，CDMA 系统容量是模拟系统的 8~10 倍，是 GSM 系统的 4~6 倍。这主要是由于以下原因所致。

1）CDMA 系统是自干扰系统，用户数的增加相当于背景噪声的增加，不会出现硬阻塞现象。

2）CDMA 系统的功率控制技术可使传输信号携带的能量保持在良好通话质量所需要的最低水平上。较小的功率意味着更少的能量损耗，进而产生更小的干扰，提高了系统容量。

3）CDMA 系统采用了话音激活技术，话音用户停顿或不说话时，可变速率声码器将以低速率进行编码，减少了通话过程中对系统的干扰，提高系统容量。

4. 话音质量好

1）CDMA 系统的声码器可以动态调整数据传输速率，根据背景噪声的变化采取不同的功率发射，即使在背景噪声较大的情况下，也可以得到较好的通话质量。

2）CDMA 系统采用高质量的 QCELP 话音编码器，话音质量可以与有线电话媲美。

3）CDMA 系统采用宽带传输以及先进的功率控制技术，可有效克服信号多径衰落，避免信号时有时无的现象。

4）CDMA 系统使用了较好的信道纠错编码技术，用户在移动速度高达 200km/s 时仍然可以保持稳定通话。CDMA 系统的话音质量如图 1-6 所示。

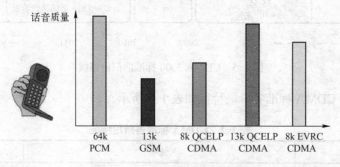

图 1-6　CDMA 系统的话音质量

5. 掉话率低

CDMA 系统采用独特的软切换技术，增强了小区边缘的信号强度，降低了掉话率，保证了长时间移动状态下的通话质量。CDMA 的软切换技术如图 1-7 所示。

6. 保密性好

1）CDMA 是一种扩频通信技术，话音保密性能好是扩频通信的特性之一。

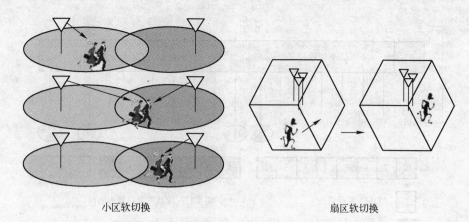

小区软切换   扇区软切换

图 1-7 CDMA 的软切换技术

2）CDMA 系统拥有完善的鉴权保密技术，保证用户在通信过程中不易被盗听。

3）CDMA 系统采用伪随机码作为地址码，加上独特的扰码方式，进一步保证了通信安全。

7. 手机发射功率低

CDMA 系统采用完善的功率控制和话音激活技术，手机发射功率低，待机时间长，手机辐射小，具有"绿色手机"的美称。CDMA 与 GSM 手机发射功率的比较如表 1-3 所示。

表 1-3　CDMA 与 GSM 手机发射功率的比较

手机类别	平均发射功率	最大发射功率
GSM 手机	125mW	2W
CDMA 手机	2mW	200mW

1.2.4　CDMA 系统频率分配

CDMA 系统可使用 450M、800M 和 1900M 3 个频段。已知频点后，根据换算公式能够计算出与之对应的频带中心频率。在中心频率上下加减 0.625MHz，就是该频点对应使用的频率范围，即频带。频段不同，频点和频带中心频率的换算关系也不相同。

1. 450M 频段的划分

CDMA 系统 450M 频段被分为 A、B、C、D、E、F、G、H 共 8 个段，目前主要使用的是 A 段，其上行频率范围是 450～458MHz，下行频率范围是 460～488MHz，上下行频率固定相差 10MHz。频点换算成中心频率的公式如下。

1）基站收（上行）：$450.000 + 0.025 (N-1)$（MHz）；

2）基站发（下行）：$460.000 + 0.025 (N-1)$（MHz）。

2. 800M 频段的划分

CDMA 系统 800M 频段上行频率范围是 825～835MHz，下行频率范围是 870～880MHz，上下行频率固定相差 45MHz。CDMA 系统 800M 频段的划分情况如图 1-8 所示，800M 频段中频点与中心频率的换算公式如表 1-4 所示。其中，A 段主频点为 283，次频点为 691；B 段主频点为 384，次频点为 777。

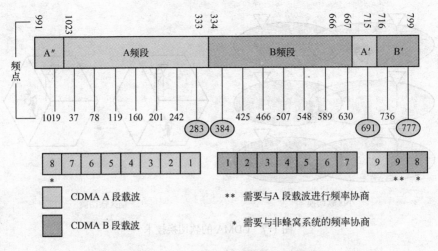

图 1-8　CDMA 系统 800M 频段的划分情况

表 1-4　800M 频段中频点与中心频率的换算公式

信号传送方向	频点编号	频带中心频率/MHz
基站收（上行）	$1 \leqslant N \leqslant 799$	$825.000 + 0.030N$
	$991 \leqslant N \leqslant 1023$	$825.000 + 0.030(N-1023)$
基站发（下行）	$1 \leqslant N \leqslant 799$	$870.000 + 0.030N$
	$991 \leqslant N \leqslant 1023$	$870.000 + 0.030(N-1023)$

3．1900M 频段的划分

CDMA 系统 1900M 频段上行频率范围是 1895～1900MHz，下行频率范围是 1975～1980MHz，上下行频率固定相差 45MHz，上下行频率固定相差 80MHz。频点换算成中心频率的公式如下。

1）基站收（上行）：$1850.00 + 0.05N$（MHz）；

2）基站发（下行）：$1930.00 + 0.05N$（MHz）。

1.2.5　CDMA 网络体系结构

1．IS-95 网络参考模型

IS-95 网络参考模型定义了 CDMA 系统中的各种功能实体以及相互间的接口，与传统的 GSM 网络参考模型相类似，由移动台（Mobile Station，MS）、基站子系统（Base Station Subsystem，BSS）和交换子系统（Switching Subsystem，SSS）三部分组成。IS-95 网络参考模型如图 1-9 所示。

（1）移动台

移动台（MS）是整个系统中由用户使用的部分，用户使用它来连接网络获得移动服务。移动台有手提式、车载式和便携式 3 种，所以移动台不单指手机，手机只是一种便携式的移动台。

（2）基站子系统

基站子系统（BSS）由基站收发信机和基站控制器两部分组成，它一侧通过无线方式连接移动台，另一侧通过有线方式连接移动交换中心，结束了无线电波的传播路径。

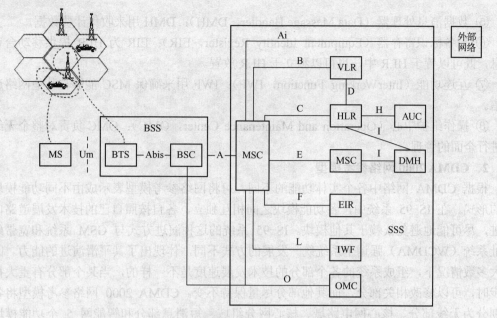

图1-9　IS-95 网络参考模型

① 基站收发信机（Base Transceiver Station，BTS）：BTS 为无线收发设备，通过无线接口 Um 与 MS 相连。BTS 可以与 BSC 放置在一起，也可以单独放置。

② 基站控制器（Base Station Controller，BSC）：BSC 可对一个或多个 BTS 进行控制和管理，与 BTS 和 MSC 交换信息。

（3）交换子系统

交换子系统（SSS）位于外部网络和基站控制器之间，主要由移动交换中心、访问位置寄存器、归属位置寄存器等设备组成。

① 移动交换中心（Mobile Switching Center，MSC）：MSC 负责完成无线用户与有线或其他无线用户间的业务转换。它可连接外部通信网络，如公共交换电话网（Public Switched Telephone Network，PSTN）、综合业务数字网（Integrated Services Digital Network，ISDN）、分组交换公共数据网络（Packet Switched Public Data Network，PSPDN）等。

② 访问位置寄存器（Visitor Location Register，VLR）：VLR 连接到一个或多个 MSC 上，能够在用户位于其覆盖区域之内时动态存储从 HLR 中得到的用户信息。当移动台从一个 MSC 覆盖区域进入另一个新的 MSC 覆盖区域并完成登记后，MSC 通过询问 HLR 的方式将 MS 的情况通知 VLR。

③ 归属位置寄存器（Home Location Register，HLR）：HLR 可维护所有用户的信息，实现对移动用户的管理。它所维护的用户信息包括电子序列号（Electronic Serial Number，ESN）、电话号码簿、国际移动台识别号（International Mobile Subscriber Identification Number，IMSI）、用户记录及当前位置等。HLR 可以作为 MSC 的一部分与 MSC 放置在一起，也可以独立放置。一个 HLR 能为多个 MSC 提供服务，可安装在一处或多个位置上。

④ 鉴权中心（Authentication Center，AUC）：AUC 用来负责鉴权或加密与个人用户有关的信息，可以位于 HLR 或 MSC 中。

⑤ 数据消息处理器（Data Message Handler，DMH）：DMH 用来收集计费数据。

⑥ 设备标识寄存器（Equipment Identity Register，EIR）：EIR 为 HLR 提供移动台设备信息，既可以置于 HLR 中，也可以独立于 HLR 放置。

⑦ 互连功能（InterWorking Function，IWF）：IWF 用来确保 MSC 能够与其他网络进行通信。

⑧ 操作维护中心（Operation and Maintenance Center，OMC）：OMC 负责对整个无线网络进行全面的管理。

2．CDMA 2000 网络参考模型

根据 CDMA 网络中各个实体功能的不同，可将网络参考模型表示成由不同功能模块组成的形式。在 IS-95 系统中，各功能模块之间相互独立，各自按照自己的技术发展道路向前演进，尽可能地避免依赖于其他模块。IS-95 系统的这种演进方式与 GSM 系统和宽带码分多址系统（WCDMA）强调全系统统一发展的方式不同，体现出了其平滑演进的能力。因为在大多数情况下，组成系统的各个部分的技术发展速度是不一样的，当某个部分有重大技术进步时，可以修改相关部分，而其他部分尽量保持不变。CDMA 2000 网络参考模型将各实体划分为无线部分、核心网电路域、核心网分组域、短消息部分和智能网 5 个功能模块，CDMA 2000 网络参考模型如图 1-10 所示。

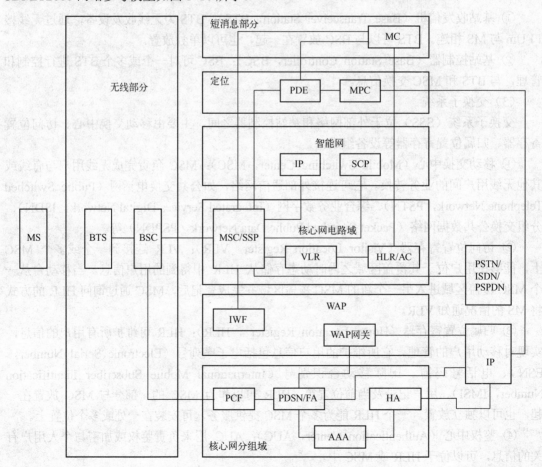

图 1-10　CDMA 2000 网络参考模型

（1）无线部分

无线部分包括了基站收发信机（BTS）和基站控制器（BSC），是移动通信网络的基本配置，用于连接移动台和地面固定部分。BTS 主要负责收发空中接口的无线信号，BSC 主要负责对其所管辖的多个 BTS 进行管理。无线部分通过空中接口 Um 与移动台建立通信，通过 A 接口连接移动交换中心（MSC）和分组控制功能（Packet Control Function，PCF），分别实现话音和数据的交互。

（2）核心网电路域

核心网电路域与传统的移动通信系统相同，包括了移动交换中心（MSC）、访问位置寄存器（VLR）、归属位置寄存器（HLR）和鉴权中心（Authentication Center，AC）等部分。其中，MSC 通过 A 接口与基站控制器（BSC）连接，通过 Ai/Di 接口与外部的公共交换电话网（PSTN）、综合业务数字网（ISDN）、分组交换公共数据网络（PSPDN）连接，实现话音业务。在第二代向第三代移动通信技术演进的过程中，核心网电路域没有太大的改变。

CDMA 2000 移动通信网电路交换部分的标准是以 ANSI41D 为核心的一个标准系列，这个标准系列负责定义移动通信网中 HLR、VLR、MSC、AC 和短消息中心（Message Center，MC）间的接口。美国国家标准学会（American National Standards Institute，ANSI）最早提出的 ANSI41 标准支持 AMPS 技术，从 C 版本开始支持 CDMA 技术，D 版本是在 C 版本的基础上做了少量修改和完善而成的。由于 ANSI41 的 D 版本仍然有许多不完善的内容，所以还发布了一系列的标准对其进行补充，其中主要包括 ANSI-664、IS737、IS801 和 IS751。

（3）核心网分组域

移动通信系统从 CDMA 95 发展到 CDMA 2000，主要的技术改进在于核心网中增加了分组部分，以支持分组数据业务。核心网分组域包括了分组控制功能（PCF）、分组数据服务节点（Packet Data Serving Node，PDSN）、认证、授权和计费（Authentication、Authorization and Accounting，AAA）以及归属代理（Home Agency，HA）等实体。其中，PCF 负责与 BSC 配合，完成与分组数据有关的无线资源的控制。由于大多数厂商在开发产品的时候，将 PCF 和 BSC 做在了一起，因此有的场合也把它当作是无线网络的一部分。PDSN 负责为每一个用户终端建立和终止点对点协议（Point to Point Protocol，PPP）连接，管理用户通信状态信息，以便向用户提供分组数据业务。AAA 服务器负责管理用户，包括用户的权限、开通业务等信息。在使用移动互联网互联协议（Internet Protocol，IP）业务时需要使用归属代理 HA，为移动终端保持连续的数据业务服务。

CDMA 2000 系统的分组数据网是建立在 IP 技术基础上的。从互联网的角度来看，PDSN 是一个路由器，并根据移动网的特性进行了增强，基本上可以在现有的路由器上改造实现。PDSN 通过 R-P 接口（在 CDMA 2000 系统中被看作是 A 接口的一部分）和 PPP 协议与无线网络（RN）连接，再通过 IP 层协议与互联网中的终端或主机相连。

根据采用的协议不同，分组网的网络结构可以分为简单 IP 和移动 IP 两种。当使用简单 IP 协议时，IP 地址由漫游地的接入服务器分配，分组域包括 PCF、PDSN 和 AAA 服务器；当使用移动 IP 的时候，IP 地址由归属地负责分配，分组域包括 PCF、PDSN、AAA 和 HA，此时的 PDSN 还需要具备外地代理（Foreign Agency，FA）功能。由于充分利用了 IP 技术已取得的成果，CDMA 2000 的分组数据网只有一个标准，即 P.S0001，这为 CDMA 2000 的快速商用奠定了基础。

（4）短消息部分

在 CDMA 通信系统中，短消息部分包括 3 个接口，它们的共同协作完成了移动台之间对短消息的收发。短消息中心（MC）与 HLR 间的接口完成位置查询功能，为发送短消息做准备。当移动台给另一移动台发送短消息时，消息先通过 MC 之间的接口，由发送方归属 MC 送到接受方归属 MC。然后，再通过 MC 与 MSC 间的接口，由接受方 MSC 经由 A 接口和空中接口转发至接受方。

短消息的标准体系可以分为传输层和应用层两个方面。传输需要经过空中接口、A 接口和 ANSI41 部分。应用层只有一个标准，即 IS637A。这个标准是 CDMA 95 和 CDMA 2000 通用的。

（5）智能网

CDMA 系统的智能网叫作无线智能网（Wireless Intelligent Network，WIN），包括 MSC/业务交换节点（Service Switching Point，SSP）、智能外设（Intelligent Peripheral，IP）、业务控制节点（Service Control Point，SCP）等，主要用于控制电路域的业务。CDMA 系统的 SSP 是以 MSC 交换机作为平台提供业务控制、呼叫控制和资源管理的功能实体。SCP 是一个提供业务控制和数据功能的实时数据库和事务处理系统，它与 SSP 之间通过 ANSI41 及智能网中所定义的一些信令互相通信。

CDMA 系统的智能网是基于 ITU 的智能网能力集 2（Capability Set 2，CS2）标准制定的。在 CS2 的基础上，增加了用于无线通信的一系列功能。WIN 的发展独立于无线接口技术的发展，已经完成了第一阶段、预付费业务、第二阶段三个标准，分别为 IS-771、IS-826、IS-848。这些标准对 WIN 的一些业务特征以及信息流程进行了规范。目前，WIN 的第三阶段标准 IS-843 正在制定中。

1.3　任务实施

1.3.1　连接网络优化设备

移动网络优化设备主要包括测试手机、测试计算机、GPS 无线、车载逆变器、平均意见值（Mean Opinion Score，MOS）测试仪、通用串行点线（Universal Serial Bus，USB）接口扩展器等，移动网络优化设备的连接如图 1-11 所示。其中，笔记本式计算机已安装了 GPS 驱动、手机驱动以及无线网络测试和分析软件。

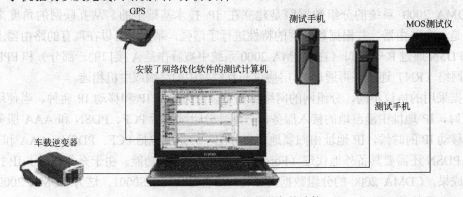

图 1-11　移动网络优化设备的连接

1．测试手机

测试手机不仅具备普通手机的话音/数据功能，还要具备信令输出、记录功能，能够输出无线网络空中接口信令和网络参数，供数据分析人员对网络进行分析。本书对 CDMA 2000 网络进行测试和分析，因此使用 LG KX218 作为测试手机。

2．移动网络优化软件

移动网络优化软件分为前台和后台两个部分。前台为网络优化测试软件，负责与测试手机、MOS 测试仪、GPS 进行通信，记录网络信令信息和网络参数；后台为网络优化分析软件，负责对前台记录的数据进行统计、分析。目前使用较多的网络优化软件是中兴通讯股份有限公司的 CNT（前台）和 CAN（后台）以及珠海世纪鼎利通信科技股份有限公司的 Pilot Pioneer（前台）和 Pilot Navigator（后台）。

本书使用世纪鼎利公司的 Pilot Pioneer 和 Pilot Navigator 完成网络优化测试与分析，要求计算机操作系统为 Windows 2000（SP4 或以上）/XP（SP2 或以上），硬件配置如下。

（1）最低配置

① CPU：Pentium III 800MHz。

② 内存：128MB。

③ 显卡：VGA。

④ 显示分辨率：800×600 像素。

⑤ 硬盘：1GB 剩余空间。

（2）建议配置

① CPU：Pentium 1GMHz 或更高。

② 内存：512MB 或以上。

③ 显卡：SVGA，16 位彩色以上显示模式。

④ 显示分辨率：1024×768 像素。

⑤ 硬盘：10GB 以上剩余空间。

移动网络优化软件运行所需要内存的大小与用户运行的系统以及分析的测试数据大小有密切关系，内存越大，测试仪分析的速度越快。因此建议用户最好能够配置稍大的内存空间。

3．GPS 天线

GPS 天线用来记录网络测试过程中测试手机的位置。当手机在网络中移动时，GPS 可以提供当前的地理位置，并结合电子地图标识出所在地周边的情况，如基站位置、建筑物位置等无线环境，配合进行网络性能分析。

4．MOS 测试仪

MOS 是衡量通信系统话音质量的重要指标。常用的 MOS 分评价方法包括主观 MOS 分评价和客观 MOS 分评价。主观 MOS 评价由不同的人分别对原始语料和经过系统处理后有衰退的语料进行主观感觉对比，得出 MOS 分，最后求平均值；客观 MOS 评价由专门的仪器或软件进行测试。MOS 测试仪可连接两部测试手机。一部手机作主叫，另一部手机作被叫。MOS 测试仪用主叫手机发送的话音信号与被叫手机接收的话音信号进行比较，检测信号是否失真。

5．测试计算机

测试用计算机用于安装移动网络优化软件，连接测试手机、GPS、MOS 测试仪等外设，是网络测试的平台。测试用计算机应该采用笔记本式计算机，硬件配置要求为：CPU 为 2.0GHz；内存为 1GB；硬盘容量为 160GB；显示屏为 14in，分辨率为 1280×800 像素。

6．车载逆变器

无线网络测试通常在室外进行，在进行路测时车载逆变器可以为测试设备（计算机、手机、MOS 等）提供车载电源，能够支撑长时间的室外测试。

1.3.2 安装网络优化测试软件

1．安装 Pilot Pioneer 软件

1）用鼠标双击 Pilot Pioneer 安装程序，进入安装向导界面，如图 1-12 所示。

图 1-12   Pilot Pioneer 安装向导

2）单击"下一步"按钮进入许可协议界面，选择"我同意此协议"，同意 Pilot Pioneer 安装协议如图 1-13 所示。

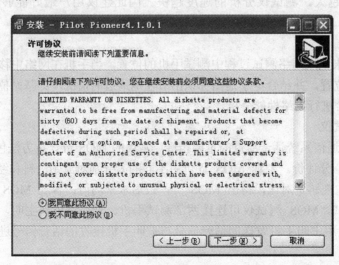

图 1-13   同意 Pilot Pioneer 安装协议

3）单击"下一步"按钮进入选择安装路径界面，单击"浏览"按钮可选择软件的安装路径，选择 Pilot Pioneer 安装路径如图 1-14 所示。

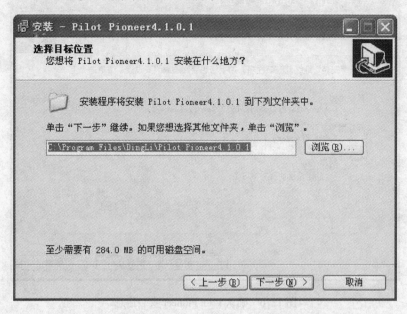

图 1-14　选择 Pilot Pioneer 安装路径

4）单击"下一步"按钮进入快捷方式设置界面，单击"浏览"按钮可设置快捷方式的位置，设置 Pilot Pioneer 快捷方式如图 1-15 所示。

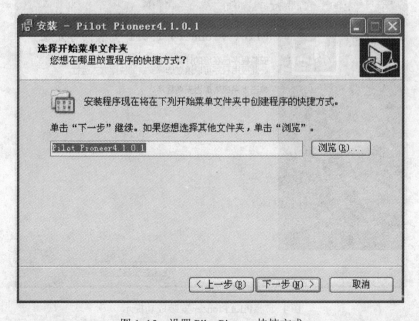

图 1-15　设置 Pilot Pioneer 快捷方式

5）单击"下一步"按钮进入准备安装界面，确认 Pilot Pioneer 安装信息，如图 1-16所示。

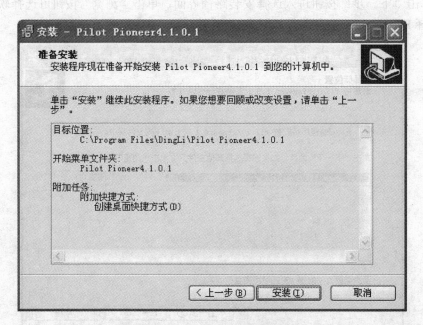

图 1-16 确认 Pilot Pioneer 安装信息

6）单击"安装"按钮开始安装 Pilot Pioneer，成功后系统将给出提示信息，单击"完成"按钮确认，如图 1-17 所示。

图 1-17 Pilot Pioneer 安装成功提示

2. 安装多路 MOS 驱动程序

Pilot Pioneer 软件安装过程中，系统会提示用户需要安装 Dingli Multi MOS 驱动程序，安装步骤如下。

1）进入 Multi MOS 驱动安装向导界面，如图 1-18 所示。

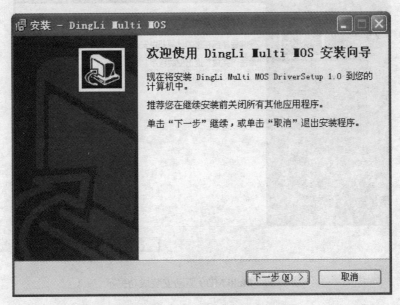

图 1-18　Multi MOS 驱动安装向导界面

2）单击"下一步"按钮进入准备安装界面，确认 Multi MOS 驱动安装信息，如图 1-19 所示。

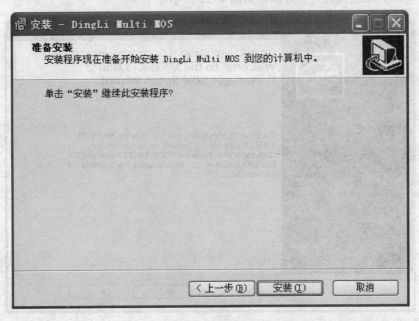

图 1-19　确认 Multi MOS 驱动安装信息

3）单击"安装"按钮开始安装 Multi MOS 驱动，成功后系统将给出提示信息，单击"完成"按钮确认，如图 1-20 所示。

图 1-20　Multi MOS 驱动安装成功提示

3．安装 MSXML 软件

Pilot Pioneer 安装完成之后，系统会提示用户继续安装 MSXML 软件。MSXML 可支持 Pilot Pioneer 的统计以及其他一些报表的显示。建议用户安装该软件。

1）进入 MSXML 安装向导界面，如图 1-21 所示。

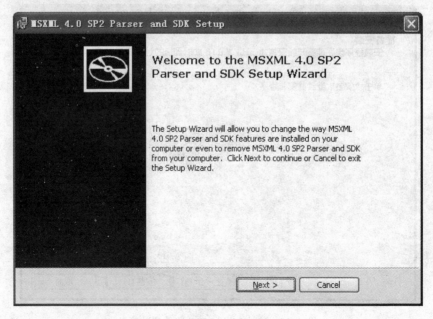

图 1-21　MSXML 安装向导界面

2）单击"Next"按钮进入许可协议界面，选择"I accept the terms in the License Agreement"，同意 MSXML 安装协议如图 1-22 所示。

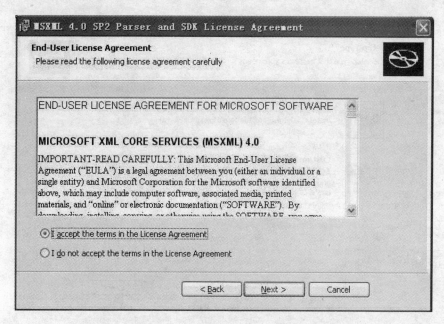

图 1-22 同意 MSXML 安装协议

3）单击"Next"按钮进入客户信息界面，填写用户名和公司名称，MSXML 客户信息如图 1-23 所示。

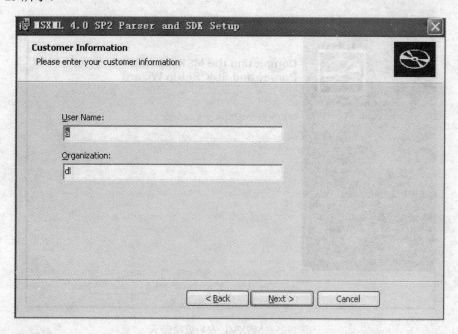

图 1-23 MSXML 客户信息

4）单击"Next"按钮进入选择安装 MSXML 类型界面，如图 1-24 所示。单击"Install Now"按钮使用默认路径"C\Program Files\MSXML 4.0"开始安装；单击"Customize"按钮用户可自定义安装路径。

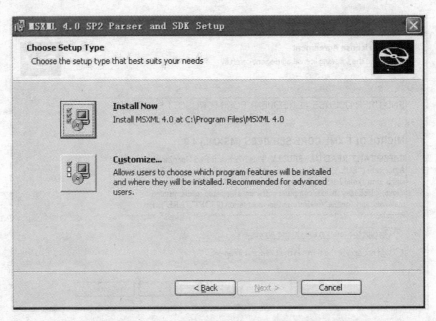

图 1-24　选择 MSXML 安装类型界面

5）MSXML 安装成功后系统将给出提示信息，单击"Finish"按钮确认，如图 1-25 所示。

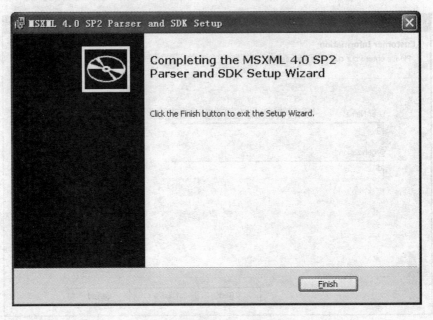

图 1-25　MSXML 安装成功提示

4. 安装 WinPcap 软件

Pilot Pioneer 安装完成之后，系统会提示用户继续安装 WinPcap 软件。WinPcap 可支持 Pilot Pioneer 在做测试的时候抓取传输控制协议/互联网协议（Transmission Control Protocol/Internet Protocol，TCP/IP）消息，以便分析。建议用户安装该软件。

1) 进入 WinPcap 安装向导界面，如图 1-26 所示。

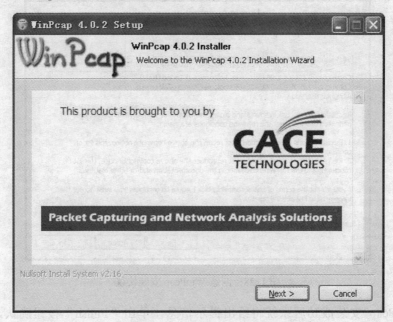

图 1-26　WinPcap 安装向导界面

2) 单击 "Next" 按钮进入 WinPcap 欢迎界面，如图 1-27 所示。

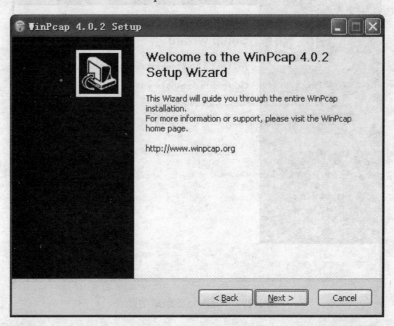

图 1-27　WinPcap 欢迎界面

3) 单击 "Next" 按钮进入许可协议界面，同意 WinPcap 安装协议如图 1-28 所示。单击 "I Agree" 按钮使用默认路径 "C\Program Files\WinPcap" 开始安装。

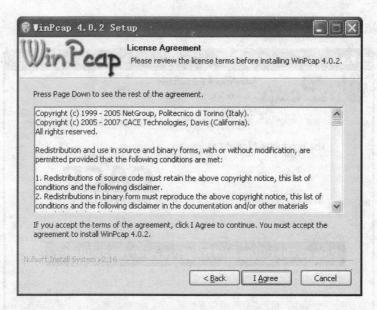

图 1-28　同意 WinPcap 安装协议

4）WinPcap 安装成功后系统将给出提示信息，单击"Finish"按钮确认，如图 1-29 所示。

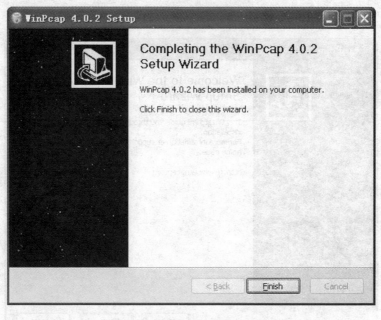

图 1-29　WinPcap 安装成功提示

1.3.3　安装网络优化分析软件

1. 安装 Pilot Navigator 软件

1）用鼠标双击 Pilot Navigator 安装程序，进入安装向导界面，如图 1-30 所示。

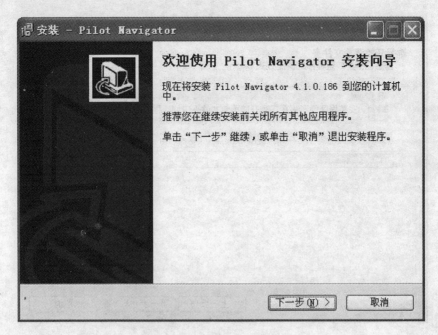

图 1-30　Pilot Navigator 安装向导

2）单击"下一步"按钮进入选择安装路径界面，单击"浏览"按钮可选择 Pilot Navigator 安装路径，如图 1-31 所示。

图 1-31　选择 Pilot Navigator 安装路径

3）单击"下一步"按钮进入程序组设置界面，设置 Pilot Navigator 程序组如图 1-32 所示。用户可填写自己定义的名称，安装完成后该程序组名称将自动加载到 Program 程序列表中。

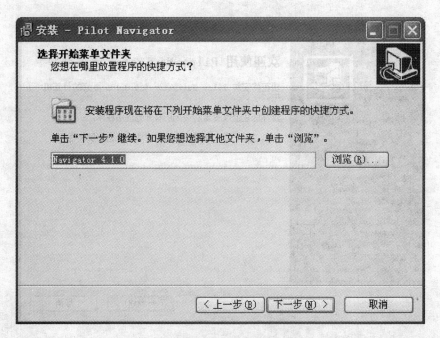

图 1-32　设置 Pilot Navigator 程序组

4）单击"下一步"按钮进入额外任务设置界面，选中"Create a desktop icon"可在桌面上创建一个快捷方式，创建 Pilot Navigator 桌面快捷方式如图 1-33 所示。

图 1-33　创建 Pilot Navigator 桌面快捷方式

5）单击"下一步"按钮进入准备安装界面，确认 Pilot Navigator 安装信息，如图 1-34 所示。

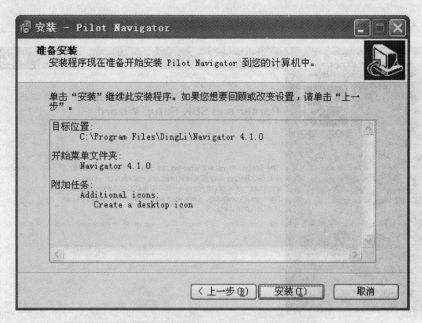

图 1-34 确认 Pilot Navigator 安装信息

6）单击"安装"按钮开始安装 Pilot Navigator，成功后系统将给出提示信息，单击"完成"按钮确认，如图 1-35 所示。

图 1-35 Pilot Navigator 安装成功提示

2. 安装 MSXML 软件

Pilot Navigator 安装完成之后，系统会提示用户继续安装 MSXML 软件。MSXML 可支持 Pilot Navigator 的统计以及其他一些报表的显示。建议用户安装该软件。

1）进入 MSXML 安装向导界面，如图 1-36 所示。

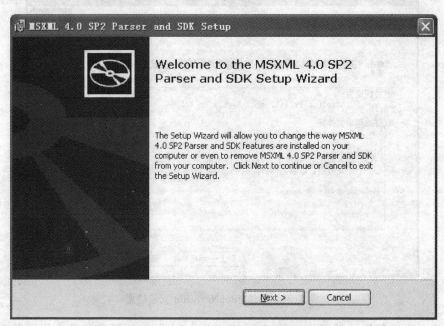

图 1-36　MSXML 安装向导界面

2）单击"Next"按钮进入许可协议界面，选择"I accept the terms in the License Agreement"，同意 MSXML 安装协义如图 1-37 所示。

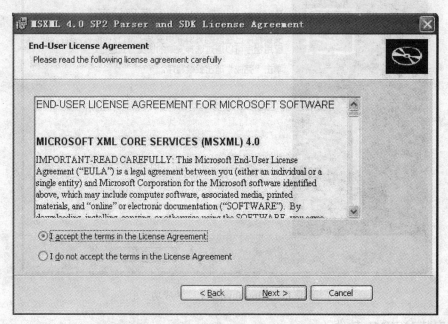

图 1-37　同意 MSXML 安装协议

3）单击"Next"按钮进入客户信息界面，填写用户名和公司名称，MSXML 客户信息如图 1-38 所示。

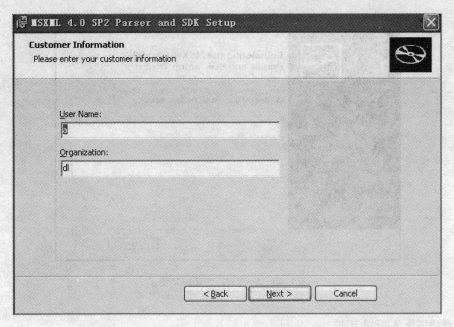

图 1-38　MSXML 客户信息

4）单击"Next"按钮进入选择 MSXML 安装类型界面，如图 1-39 所示。单击"Install Now"按钮使用默认路径"C\Program Files\MSXML 4.0"开始安装；单击"Customize"按钮用户可自定义安装路径。

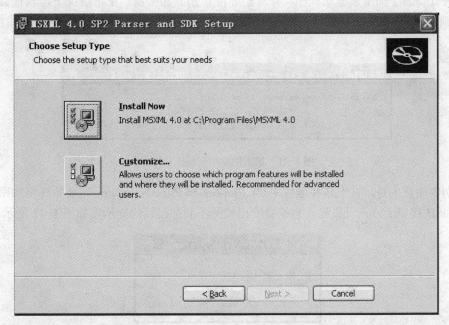

图 1-39　选择 MSXML 安装类型界面

5）MSXML 安装成功后系统将给出提示信息，单击"Finish"按钮确认，如图 1-40 所示。

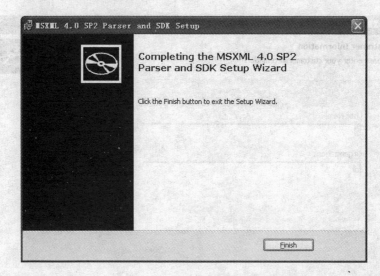

图 1-40　MSXML 安装成功提示

1.3.4　安装设备驱动程序

1. 安装加密锁驱动程序

在安装及运行 Pilot Pioneer 和 Pilot Navigator 时，计算机 USB 接口上必须插有加密锁，加密锁是硬件设备，是软件安装和执行的"钥匙"。使用加密锁前要先在计算机上安装驱动程序，只有安装了加密锁驱动程序，计算机才能识别到加密锁。正常情况下，软件会自动安装加密锁驱动程序，安装完成后将弹出提示窗口，加密锁驱动安装成功提示如图 1-41 所示。

图 1-41　加密锁驱动安装成功提示

特别要注意的是，在安装和运行 Pilot Pioneer 和 Pilot Navigator 时要始终将加密锁插在计算机 USB 接口上，一旦拔除，系统会给出检测不到加密锁的提示，如图 1-42 所示。

图 1-42　检测不到加密锁的提示

2. 安装手机驱动程序

1）用鼠标双击 LG KX218 手机驱动程序，进入安装向导界面，如图 1-43 所示。

图 1-43　手机驱动安装向导界面

2）单击"Next"按钮开始安装手机驱动程序，成功后弹出提示窗口，手机驱动安装成功提示如图 1-44 所示。

图 1-44　手机驱动安装成功提示

3. 安装 GPS 天线驱动程序

1）用鼠标双击 GPS 天线驱动程序，进入安装向导界面，如图 1-45 所示。

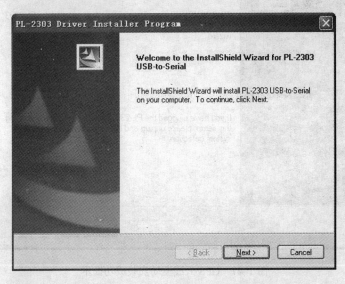

图 1-45　GPS 天线驱动安装向导界面

2）单击"Next"按钮进入许可协议界面，选择"I accept the terms in the license agreement"，同意 GPS 天线驱动安装协议如图 1-46 所示。

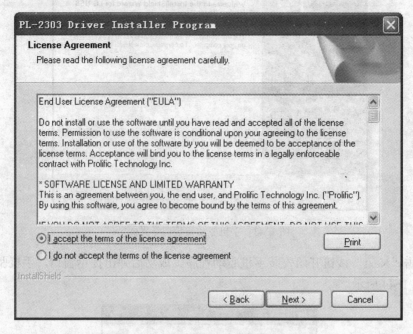

图 1-46　同意 GPS 天线驱动安装协议

3）单击"Next"按钮开始安装 GPS 天线驱动，成功后系统将给出提示信息，单击"Finish"按钮确认，如图 1-47 所示。

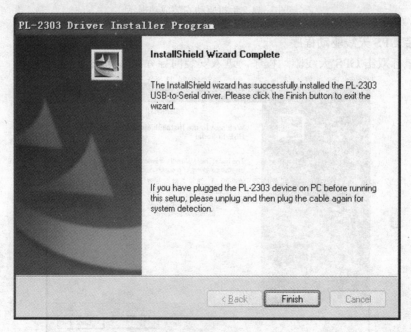

图 1-47　GPS 天线驱动安装成功提示

1.4 验收评价

1.4.1 任务实施评价

"组建网络优化测试系统"任务评价表如表 1-5 所示。

表 1-5 "组建网络优化测试系统"任务评价表

任务 1　组建网络优化测试系统

班级		小组		
评价要点	评价内容	分值	得分	备注
基础知识（35 分）	明确工作任务和目标	5		
	网络优化的目标和内容	5		
	单站和全网优化的步骤	5		
	移动通信的发展	5		
	CDMA 的特点及优势	5		
	CDMA 系统频率分配	5		
	CDMA 网络体系结构	5		
任务实施（55 分）	连接网络优化设备	10		
	安装网络优化测试软件	15		
	安装网络优化分析软件	15		
	安装设备驱动程序	15		
操作规范（10 分）	按规范操作，防止损坏仪器仪表	5		
	保持环境卫生，注意用电安全	5		
合计		100		

1.4.2 思考与练习题

1. 移动网络优化的主要目的是什么？
2. 简述移动网络优化工作的内容。
3. 单站点优化工作大体可分为哪 4 个步骤？
4. 全网优化需要经过哪 3 个阶段？
5. IMT-2000 技术规范中的 3 种主流技术是什么？
6. 什么是码分多址（CDMA）？
7. 简述 IS-95 向 CDMA 2000 演进的过程。
8. CDMA 移动通信系统有哪些特点及优势？
9. 简述 CDMA 标准各阶段的特征。
10. 简述 CDMA 2000 网络组成及各部分功能。

任务 2 采集话音覆盖数据

【学习目标】

✧ 了解移动网络数据采集的内容、工具和方法。

✧ 掌握多址接入和扩频通信技术。

✧ 熟悉 CDMA 系统扩频码和信道构成。

✧ 完成室内、室外话音覆盖数据的采集。

2.1 任务描述

数据采集是网络优化的重要步骤，也是进行网络质量评估的重要手段。无论是网络故障排除、日常优化工作，还是大范围的网络质量评估，都需要采集测试数据并收集系统数据。在对这些数据进行综合分析后，才能得出结论并提出相应优化方案和调整措施。因此，系统数据和测试数据的采集是网络优化的基础，其准确性和全面性对优化工作的效率和效果影响很大。本次任务完成室外和室内话音覆盖数据的采集工作，"采集话音覆盖数据"任务说明如表 2-1 所示。

表 2-1 "采集话音覆盖数据"任务说明

工作内容	采集室外话音覆盖数据	采集室内话音覆盖数据
业务类型	中国电信 CDMA 2000 话音业务	中国电信 CDMA 2000 话音业务
测试方式	步行路测，GPS 自动定位	步行路测，人工打点
测试地点	学校校园内道路上	学校实训楼楼道内
硬件设备	测试计算机和手机、GPS 天线	测试计算机和手机
软件工具	Pilot Pioneer、手机和 GPS 驱动	Pilot Pioneer、手机驱动
备用资料	Tab 格式道路分布图、基站信息	Img 格式楼道布局图、基站信息
测试结果	测试数据文件	测试数据文件

2.1.1 数据采集的内容

网络优化所需采集的数据大体可分为测试数据和系统数据两类。测试数据主要是指通过进行网络测试采集到的各种测试结果，包括路测（Drive Test，DT）数据、呼叫质量测试（Call Quality Test，CQT）数据、OMC 话务统计数据和用户投诉处理记录等；系统数据主要是指系统本身的一些参数，包括基站参数、天线参数和各种技术指标参数等。

1. 测试数据

1）DT 测试通常也称作"路测"，是在行驶中的车辆上借助专门采集设备对移动台通信状态、收发信令和各项性能参数进行记录的一种测试方法，是进行网络性能评估、网络故障定位和网络优化时必不可少的测试手段。对 CDMA 系统而言，DT 测试的主要内容包括：移动台接收信号的载干比（Energy Chip/Interfece Other Cell，Ec/Io）；移动台的接收功率（Receive Power，RxPower）、发射功率（Transmit Power，TxPower）和发射增益调整（Transmit Gain Adjust，TxGainAdj）；前向误帧率（Forward Frame Error Rate，FFER）；用于解调的各导频集和伪随机噪声（Pseudo Noise，PN）码偏置值；分组数据业务物理层、无线连接协议（Radio Link Protocol，RLP）层和 TCP 层各自的传输速率；软切换状态；移动台收发的信令消息；各种呼叫事件（掉话、起呼、开始通话、接入失败等）发生的时间和地点。通过特殊的导频扫描设备（PN Scanner）还可对每个采样点处接收到的不同 PN 偏置导频的 Ec/Io 进行测量。另外，借助路测后台分析软件对路测数据进行分析处理，还可以得出一些统计结果，例如接入失败率、掉话率、软切换比例和覆盖质量统计等。同时，在路测过程中还会采集到大量的 GPS 位置和时间信息。

2）CQT 测试通常也称作"点测"，是通过人工拨打电话并对通话的结果及主观感受进行记录和统计的一种测试方法，主要用于测试一些重要场所的网络覆盖和话音质量情况。CQT 测试的主要内容包括接通率、掉话率、单方通话率、话音断续率、回声率、背景噪声率和串话率等。测试中还应记录下发生掉话、接入失败等事件的位置，以便进行后续的分析。

3）OMC 话务统计数据采集是指在 OMC 设备上收集全网的话务统计数据，主要包括长途来话接通率、话音接通率、信道可用率、掉话率、拥塞率、切换成功率和话务量等。

4）信令采集是指通过各接口上的信令仪表，跟踪并记录信令数据。

5）用户投诉及处理记录。

DT 测试数据和 OMC 话务统计数据是网络优化工程师日常优化工作依据的重点。通过对采集到的这些数据进行综合分析，可以定性、定量、定位地测出网络下行覆盖、切换和指令传递等状况，从而进一步找出发生网络干扰、覆盖盲区、掉话和切换失败的地段。

2. 系统数据

除测试数据外，进行 CDMA 网络优化还需要大量系统数据的支持，主要包括如下内容。

1）基站工程参数：基站名称、编号、位置、站型、设备型号、工程情况和机房配置等。

2）基站技术参数：PN 分配、邻区列表、信道分配、功率分配、注册参数、接入和寻呼参数、切换参数、搜索窗参数、功率控制参数和各定时器等。

3）天线参数：天线型号、挂高、增益、方位角、下倾角（电子或机械）、驻波比、水平和垂直方向增益图、馈线型号和长度以及接头类型等。

4）其他系统运维数据：故障告警信息等。

这些系统数据主要用于为网络故障准确定位和制定网络优化措施提供参考，因而也是十分重要的。在工程建设和初期调测过程中就应该加强系统数据的收集和验证工作，网络运营者对收集来的这些数据应建立数据库进行保存维护，并在网络优化调整前后和新增基站时及时进行更新。

2.1.2 数据采集工具

DT 测试使用仪表以客观方式进行，DT 测试设备列表如表 2-2 所示。其中，导频扫描仪

（PN Scanner）的使用依不同厂商的产品会有所不同。大多数厂商提供的 CDMA 前台路测设备中会带有单独的导频扫描仪，路测人员在测试时可根据测试的具体需要决定是否使用。但也有一些厂商的前台路测设备是将导频扫描仪和 CDMA 测试手机集成在一起，并没有额外独立的导频扫描仪，例如高通公司的路测设备 CAIT 中的 Retriever 手机就兼具常规测试手机和导频扫描仪两者的功能。

表 2-2　DT 测试设备列表

分　类	设 备 名 称
硬件	GPS
	CDMA 测试手机、备用电池和数据连接线
	笔记本计算机（如需接多部测试手机需配备串口扩展板）
	导频扫描仪（PN Scanner）
	车载直流/交流转换器
	测试用车
软件	路测前台采集软件
	路测后台分析软件

软件中的"路测前台采集软件"需要在路测开始前就已安装在测试用笔记本式计算机中，并在整个测试过程中运行，监视和记录测试数据；而"路测后台分析软件"在路测过程中并不需要，它的功能是结合数字地图对前台路测采集设备收集到的各项测试数据进行回放、分析和统计等处理，以便网络优化工程师更好地评估网络性能，分析故障产生的原因。因其对路测数据分析起着重要作用，故一并列入 DT 测试设备列表中。需要特别注意的是，在整个测试过程中应尽量保证不更换测试设备，因为不同厂商设备间的差异有可能会影响测试前后或多次测试结果对比的准确性。

CQT 测试使用普通的 CDMA 商用手机即可完成。OMC 话务统计数据采集一般使用厂商所提供设备上附带的采集工具完成。各接口的信令测试采集则主要通过使用信令分析仪来完成。

2.1.3　数据采集的方法和规范

1．话音呼叫测试方法

1）测试时段：每天 7:30～19:30 之间进行，西藏和新疆向后推迟 2h。

2）测试路线：按要求规划测试路线，并尽量均匀覆盖整个城区主要街道，且尽量不重复。覆盖区域测试范围主要包括城区主干道、商业密集区道路（商业街）、住宅密集区道路、学院密集区道路、机场路、环城路、沿江两岸、城区内主要桥梁、隧道、地铁和城市轻轨等。

3）测试速度：在城区保持正常行驶速度；在城郊快速路车速应尽量保持在 60～80km/h，不限制最高车速。

4）测试设备：使用 LG KX206 测试终端和鼎利路测软件 Pilot Pioneer。

5）测试时长：各城市的话音测试时间根据城市规模确定，每天测试 7h。

6）测试方法：话音业务测试采用 DT 方式，同一辆车内两部 CDMA 2000 终端，任意两部手机之间的距离必须不能小于 15cm，手机的拨叫、接听、挂机都采用自动方式，每次通话时长 180s，呼叫间隔 45s。如出现未接通或掉话，应间隔 45s 进行下一次试呼。

2．话音 DT 呼叫测试规范

（1）测试时间

安排在工作日（周一至周五）9:00～12:00，15:00～19:00 进行。新疆和西藏的测试时间由于时差延后 2h。

（2）测试范围

测试范围主要包括城区主干道、商业密集区道路（商业街）、住宅密集区道路、学院密集区道路、机场路、环城路、沿江两岸、城区内主要桥梁、隧道、地铁和城市轻轨等。要求测试路线尽量均匀覆盖整个城区主要街道，并且尽量不重复。

（3）测试速度

在城区保持正常行驶速度；在城郊快速路车速应尽量保持在 60～80 km/h，不限制最高车速。

（4）测试步骤

① 测试时，保持车窗关闭，测试手机置于车辆第二排座位中间位置，任意两部手机之间的距离必须不能小于 15cm，并将测试手机水平固定放置，主、被叫手机均与测试仪表相连，同时连接 GPS 接收机进行测试。

② 采用同一网络手机相互拨打的方式，手机拨叫、接听、挂机都采用自动方式。每次通话时长 90s，呼叫间隔 15s；如出现未接通或掉话，应间隔 15s 进行下一次试呼；接入超时为 15s；通话期间进行 MOS 话音质量测试。

③ 在地铁、轻轨进行测试时，测试设备需放置于轨道交通工具的普通座位。在地铁测试时，需要根据地铁行驶作相应的打点处理。在测试 CDMA 网络的同时，在同一车内采用相同方法测试 GSM 网络质量，GSM 主、被叫手机均使用自动双频测试。

3．话音 CQT 呼叫测试规范

（1）测试区的选取

CQT 测试重点在话务量相对较高的区域、品牌区域、市场竞争激烈区域、特殊重点保障区域内选取。地理上尽可能均匀分布，场所类型尽量广。重点选择有典型意义的大型写字楼、大型商场、大型餐饮娱乐场所、大型住宅小区、高校、交通枢纽和人流聚集的室外公共场所等。测试选择的住宅小区要求高层建筑入住率大于 20%，商业场所营业率大于 20%。测试选择的相邻建筑物相距 100m 以上。

（2）测试点的比例

各类型 CQT 测试点选取比例如表 2-3 所示。

表 2-3　各类型 CQT 测试点选取比例

测试区域 类型	测试点类型	测试点 所占比例
商务办公类	五星级标准认证酒店、四星级标准认证酒店、三星级标准认证酒店、三星级以下认证酒店、快捷商务酒店、其他旅舍、商务办公大厦、会务中心、展览中心及交易所	15%
机关企业类	人民政府、人大政协、政府部门、公检法、街道机构、各党派和社团、厂矿农企、新闻媒体、科研机构、社会福利院、特殊场所、其他企事业、外国驻华大使馆、领事馆、军事机关、军用运输及其他军事场所	10%

测试区域类型	测试点类型	测试点所占比例
教育医疗类	公立重点高校、公立普通高校、私立民办高等院校、成人教育院校、省市级重点中小学、普通中小学、中等专业学校、幼儿园、特殊学校、社会就业培训机构、其他教育培训机构、历史文化场馆、艺术场馆、科教场馆、书籍档案场馆、革命教育基地、其他科教文化场所、三甲医院、普通公办医院、民办医院、其他医疗机构、卫生防疫站、保健体检中心及休疗养机构	15%
商业市场类	大型综合百货公司、中小型百货商店、大型超市、中小型超市、美容连锁、服饰连锁、汽车服务连锁、婴幼儿连锁、家用电器连锁、其他连锁机构、食品、服饰、纺织、医药、汽配、电子、文体、农贸市场、五金交电、工艺美术、家居建材、办公用品、宠物、其他专业零售批发市场、中国电信营业厅、中国移动营业厅、中国联通营业厅、其他通信运营商营业厅、银行储蓄类营业厅、水/电/气/煤营业点、有线电视运营商营业点及其他行业营业厅	15%
餐饮娱乐类	酒楼饭店、快餐店、地方小吃街、休闲咖啡厅、其他餐饮场所、文化娱乐活动场所、游乐场、KTV、舞厅酒吧、洗浴中心、棋牌茶室、歌舞剧院、其他类型娱乐场所、公园、动物园、植物园、步行街、社会广场、国家5A级风景区、国家4A级风景区、其他旅游景区、体育运动场所、健身俱乐部及其他类型体育场所	15%
居民住宅类	低层住宅、高层住宅、混合式小区住宅、普通低层住宅、城中村住宅、其他旧式住宅居民区、花园洋房式住宅、独立别墅区住宅及联排别墅区住宅	20%
交通枢纽类	火车站、地铁站、城市轻轨客站、磁悬浮客站、海港、河港、城市轮渡、民用机场、军民合用的机场、长途客运站、高速公路服务区、城市汽车站、交通广场、机动车停车场场库及非机动车停车场库	10%

（3）测试点的选择

CQT 测试采样点的位置选择应合理分布，选取人流量较大和移动电话使用习惯的地方，能够暴露区域性覆盖问题，而不是孤点覆盖问题。每个测试点根据以下原则抽取两个采样点进行测试。

建筑物内要求分顶楼、楼中部位、底层；同一楼层的相邻采样点至少相距 20m 且在视距范围之外。某一楼层内的采样点应在以下几处位置选择，具体以测试时用户经常活动的地点为首选。

① 大楼出入口、电梯口、楼梯口和建筑物内中心位置。

② 人流密集的位置，包括大堂、餐厅、娱乐中心、会议厅、商场和休闲区等。

③ 成片住宅小区重点测试深度、高层、底层等覆盖难度较大的场所，以连片的 4～5 幢楼作为一组测试对象选择采样点。

④ 医院的采样点重点选取门诊、挂号缴费处、停车场、住院病房以及化验窗口等人员密集的地方。有信号屏蔽要求的手术室、X 光室、CT 室等场所不安排测试。

⑤ 风景区的采样点重点选取停车场、主要景点、购票处、接待设施处、典型景点及景区附近大型餐饮、娱乐场所。

⑥ 火车客站、长途汽车客站、公交车站、机场、码头等交通集聚场所的采样点重点选取候车厅、站台、售票处、商场及广场。

⑦ 学校的采样点重点选取宿舍区、会堂、食堂及行政楼等人群聚集活动场所，如学生活动中心（会场/舞厅/电影院等）、体育场馆看台、露天集聚场所（宣传栏）、学生宿舍/公寓、学生/教工食堂、校部/院系所办公区、校内商业区、校内休闲区/博物馆/展览馆、校医院及校招待所/接待中心/对外交流中心/留学生服务中心、校内/校外教工宿舍、校内/校外教工住宅小区、小学/幼儿园校门口以及校外毗邻商业区（如学生街）等。教学楼主要测试休息区和会议室。

⑧ 步行街的采样点应该包括步行街两旁的商铺及休息场所。

（4）测试步骤

① 采用同一网络手机相互拨打的方式，手机拨叫、挂机、接听均采用自动方式，手机与测试仪表相连。

② 每个采样点拨测前，要连续查看手机空闲状态下的信号强度 5s，若 CDMA 手机信号强度不满足连续的 E_c/I_o≥-12dBm & RxPower≥-95dBm（GSM 手机信号强度不满足连续的 RxPower≥-94dBm），则判定在该采样点覆盖不符合要求，不再作拨测，也不进行补测。同时，记录该采样点为无覆盖并纳入覆盖率统计；若该采样点覆盖符合要求，则开始进行拨测。

③ 在每个测试点的不同采样位置做主、被叫各 5 次，每次通话时长 60s，呼叫间隔 15s。如出现未接通或掉话，应间隔 15s 进行下一次试呼。接入超时为 15s。通话期间进行 MOS 话音质量测试。

④ 测试过程中应作一定范围的慢速移动和方向转换，模拟用户实际通话行为，感知通话质量。在测试 CDMA 网络的同时，在同位置采用相同方法测试 GSM 网络质量，GSM 主、被叫手机均使用自动双频测试。

2.2 知识准备

2.2.1 多址接入技术

在移动通信系统中，为了提高通信线路的利用率，通常使众多的用户共用公共线路资源。以信道来区分用户，一个信道只容纳一个用户进行通话，许多用户同时通话时，互相以信道来区分，这就是多址。

一般情况下，一个移动通信系统包含若干个基站和大量的移动台。基站一侧是多路的，通常要和许多移动台同时通信，使用相互隔离的信道防止用户间的干扰；移动台一侧是单路的，每个移动台只供一个用户使用。通话的各个用户通过在射频上的复用，建立各自的通信信道，以实现双边通信的连接，这就是多址接入。

为使信号多路化而实现多址的方法基本有 3 种，它们分别采用频率、时间或码型分割信道，即人们通常所称的频分多址（Frequency Piuision Multiple Access，FDMA）、时分多址（Time Division Multiple Access，TDMA）和码分多址（Code Division Multiple Access，CDMA）接入方式，多址接入技术如图 2-1 所示。其中，FDMA 是以无线信号载波频率的不同来区分信道的；TDMA 是以无线信号存在时间的不同来区分信道的；CDMA 是以无线信号码型的不同来区分信道的，所有用户使用同一频带在同一时间传送信号，利用不同用户信号地址码波形之间的正交性或准正交性来实现信号分割。

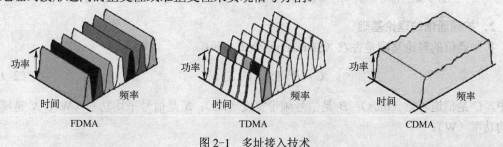

图 2-1　多址接入技术

2.2.2 扩频通信技术

扩展频谱通信技术（扩频通信）是一种信息传输方式，也是码分多址的基础。扩频通信近年发展得非常迅速，它与卫星通信、光纤通信一同被誉为进入信息时代的三大高技术通信传输方式。扩频通信不仅在军事领域发挥了不可取代的优势，而且广泛渗透到了社会的各个领域，如遥测、监控导航和报警等。

1. 扩频通信的概念

扩频通信（Spread Spectrum，SS）是指在发送端用宽带高速伪随机码对窄带低速信息数据进行调制，使其带宽被扩展；在接收端使用相同伪随机码与收到的宽带信号作相关运算，还原出窄带信息数据的处理过程。发送端的处理称为扩频，接收端的处理称为解扩，扩频和解扩的过程如图 2-2 所示。图 2-2a 为窄带信源信息，带宽为 B_1；图 2-2b 为窄带信号扩频后生成的功率谱密度极低的宽带扩频信号，带宽为 B_2（B_2 远大于 B_1）；图 2-2c 为在信号传输过程中产生的干扰噪声，包括窄带噪声和宽带噪声；图 2-2d 为宽带扩频信号解扩后恢复的窄带信号，干扰噪声则被解扩成宽带信号。

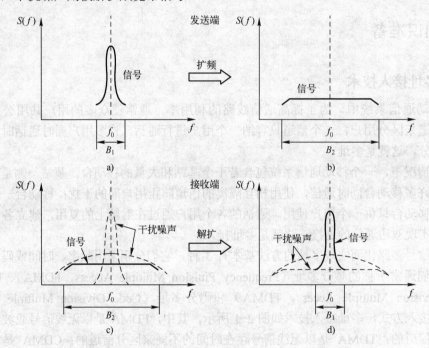

图 2-2　扩频和解扩的过程

a) 扩频前的信号频谱　b) 扩频后的信号频谱　c) 解扩前的信号频谱　d) 解扩后的信号频谱

2. 扩频通信的理论基础

扩频通信的理论基础是香农（Shannon）公式，即：

$$C = B \times \log_2(1 + S/N) \tag{2-1}$$

式中，C 是信道容量（bit/s）；B 是信号频带宽度（Hz）；S 是信号平均功率（W）；N 是噪声平均功率（W）。

香农公式表明，在信噪比（Signal/Noise，S/N）较小的情况下，增加信号带宽 B，可以保持信道容量 C 不变，即保持以相同的速率可靠的传输信息。甚至在信号被噪声淹没（$S/N<1$）的情况下，只要相应的增加信号带宽，仍然能保持可靠通信。也就是说，可以用扩频的方法达到以宽带传输信息换取信噪比低的好处。

3．CDMA 扩频系统的组成

扩频通信系统有三种实现方式，分别为直接序列扩频（Direct Sequence Spread Spectrum，DSSS）、跳频扩频（Frequency-Hopping Spread Spectrum，FHSS）和跳时扩频（Time-Hopping Spread Spectrum，THSS）。CDMA 采用直接序列扩频通信技术，CDMA 扩频通信系统成如图 2-3 所示。

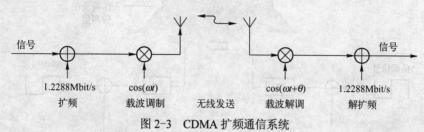

图 2-3 CDMA 扩频通信系统

不同的 3G 标准其扩频码速率不同，CDMA2000 1x 系统的扩频码采用 1.2288Mbit/s 的速率，扩频和解频中的信号波形如图 2-4 所示。扩频处理采用模 2 加运算（即二进制异或逻辑运算），扩频后的码元称为码片（chip），其速率称为码速率，单位是 chip/s。扩频增益等于码速率与输入信号速率的比值。

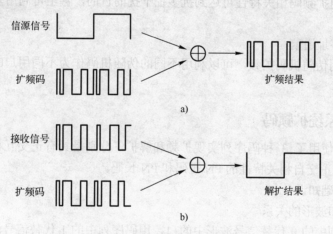

图 2-4 扩频和解扩中的信号波形

a) 扩频处理 b) 解扩处理

4．扩频通信技术的特点

扩频通信在发送端用扩频码进行扩频调制，在接收端用相同的扩频码进行扩频解调，这一过程使其具有诸多优良特性。

（1）抗干扰能力强

抗干扰能力强是扩频通信最基本的特点。扩频通信系统的发送端信号被扩展到很宽的频带上发送，在接收端被解扩恢复成窄带信号。干扰信号因为与扩频伪随机码不相关，被扩展到很宽的频带上后，落入有用信号同频带内的干扰功率大大降低，从而有效抑制了干扰。抗干扰能力与频带的扩展倍数成正比，扩展得越宽，抗干扰的能力越强。

（2）保密性好

保密性好是扩频通信最初在军事通信中获得应用的主要原因。经周期很长的伪随机码扩频调制后的信号类似于随机噪声，在接收端只有采用与发送端相同且同步的扩频码才能正确解扩，所以信息得到了保密。此外，由于扩频信号的频谱被扩展到很宽的频带内，其功率谱密度也随之降低（可明显低于环境噪声和干扰电平），难于检测，具有很好的隐蔽性。扩频通信的保密性原理如图 2-5 所示。

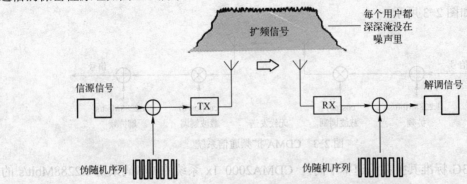

图 2-5　扩频通信的保密性原理

（3）抗多径干扰能力强

扩频通信利用扩频码相关特性可达到抗多径干扰的目的，甚至可利用多径能量来提高系统的性能。

（4）可进行多址通信

扩频通信采用伪随机码扩频，可以利用不同的伪随机码作为不同用户的地址码，从而实现码分多址通信。

2.2.3　CDMA 系统扩频码

CDMA 系统使用了 3 种码序列实现扩频和解扩，分别是具有正交互相关特性的 64 阶 Walsh 码、具有准正交自相关特性的 PN 短码和 PN 长码。

1．码序列基础知识

（1）码序列和波形的关系

如果用码序列中的 0 代替信号波形中的+1，用码序列中的 1 代替信号波形中的-1，则码序列的模 2 加（异或）运算就等效于信号波形的相乘运算，码序列和信号波形的对应关系如表 2-4 所示。

表 2-4　码序列和信号波形的对应关系

码序列的模 2 加（异或）运算	信号波形的相乘运算
$0 \oplus 0 = 0$	$(+1) \times (+1) = +1$
$0 \oplus 1 = 1$	$(+1) \times (-1) = -1$
$1 \oplus 0 = 1$	$(-1) \times (+1) = -1$
$0 \oplus 0 = 0$	$(-1) \times (-1) = +1$

（2）码序列的相关性

码序列的相关性是指码序列之间的相似程度，包括自相关性和互相关性。自相关性是指码序列和它自身延迟时间 τ 以后的相似性；互相关性是指两个不同码序列之间的相似性。相关性可以用相关系数来表达，其定义为：

$$Z = \frac{N_{相同} - N_{不同}}{N_{总数}} \tag{2-2}$$

其中，Z 是相关系数；$N_{总数}$ 为码序列一个周期内的总位数；$N_{相同}$ 为两个码序列间或码序列与其延时序列间逻辑值相同的位数，$N_{不同}$ 为两个码序列间或码序列与其延时序列间逻辑值不同的位数。

当两个码序列或码序列与其延时序列在一个序列周期内有一半位数的逻辑值相同（或不同）时称为正交，此时 $Z=0$，表示码序列间的相似度最小；当两个码序列或码序列与其延时序列在一个序列周期内全部位数的逻辑值相同（或不同）时称为平行，此时 $Z=+1$ 或 -1，码序列间的相似度最大。

2．Walsh 码

（1）Walsh 码的定义

J.L.Walsh 于 1923 年定义了在归一化区间（0，1）上的一个完备正交函数系统，称为 Walsh 函数。Walsh 函数集是完备的非正弦正交函数集，相应的离散 Walsh 函数简称为 Walsh 序列或 Walsh 码，可利用哈达玛矩阵（Hadamard）通过递推生成。

哈达玛矩阵是由 0 和 1 构成的正交方阵，它的任意两行或者两列都是相互正交的。用 H_n 表示 $n \times n$ 的哈达玛矩阵，其递归公式为：

$$H_1 = [0], \quad H_{2n} = \begin{bmatrix} H_n & H_n \\ H_n & \bar{H}_n \end{bmatrix} \tag{2-3}$$

其中，n 为 1、2、3、…，$\bar{H}_n$ 为 H_n 的逻辑取反。

例如，从 H_2 递推生成 H_4 的过程如图 2-6 所示。

$$H_2 = \begin{bmatrix} 0 & 0 \\ 0 & 1 \end{bmatrix} \implies H_2 = \begin{bmatrix} H_2 & H_2 \\ H_2 & \bar{H}_2 \end{bmatrix} = \begin{bmatrix} 0 & 0 & 0 & 0 \\ 0 & 1 & 0 & 1 \\ 0 & 0 & 1 & 1 \\ 0 & 1 & 1 & 0 \end{bmatrix}$$

图 2-6　从 H_2 递推生成 H_4 的过程

将哈达玛矩阵中的某一行用二进制序列表示，即可以得到相应的 Walsh 码序列，64 阶 Walsh 码序列如图 2-7 所示。

（2）Walsh 码在 CDMA 系统中的作用

由于 Walsh 码之间的正交性，在 CDMA 的前向链路中，信道中信息符号在被伪随机码（PN 码）扩频之前，分别与不同的 64 阶 Walsh 码进行模 2 加（波形相乘）运算，以此区分各信道，接收端再用相同的 Walsh 码恢复信号。多个信道在同一频率上发送而不会相互干扰，这正是码分多址得以实现的基础。

WALSH CODES

```
#  ----- 64-Chip Sequence -----
0  0000000000000000000000000000000000000000000000000000000000000000
1  0101010101010101010101010101010101010101010101010101010101010101
2  0011001100110011001100110011001100110011001100110011001100110011
3  0110011001100110011001100110011001100110011001100110011001100110
4  0000111100001111000011110000111100001111000011110000111100001111
5  0101101001011010010110100101101001011010010110100101101001011010
6  0011110000111100001111000011110000111100001111000011110000111100
7  0110100101101001011010010110100101101001011010010110100101101001
8  0000000011111111000000001111111100000000111111110000000011111111
9  0101010110101010010101011010101001010101101010100101010110101010
10 0011001111001100001100111100110000110011110011000011001111001100
11 0110011010011001011001101001100101100110100110010110011010011001
12 0000111111110000000011111111000000001111111100000000111111110000
13 0101101010100101010110101010010101011010101001010101101010100101
14 0011110011000011001111001100001100111100110000110011110011000011
15 0110100110010110011010011001011001101001100101100110100110010110
16 0000000000000000111111111111111100000000000000001111111111111111
17 0101010101010101101010101010101001010101010101011010101010101010
18 0011001100110011110011001100110000110011001100111100110011001100
19 0110011001100110100110011001100101100110011001101001100110011001
20 0000111100001111111100001111000000001111000011111111000011110000
21 0101101001011010101001011010010101011010010110101010010110100101
22 0011110000111100110000111100001100111100001111001100001111000011
23 0110100101101001100101101001011001101001011010011001011010010110
24 0000000011111111111111110000000000000000111111111111111100000000
25 0101010110101010101010100101010101010101101010101010101001010101
26 0011001111001100110011000011001100110011110011001100110000110011
27 0110011010011001100110010110011001100110100110011001100101100110
28 0000111111110000111100000000111100001111111100001111000000001111
29 0101101010100101101001010101101001011010101001011010010101011010
30 0011110011000011110000110011110000111100110000111100001100111100
31 0110100110010110100101100110100101101001100101101001011001101001
```

```
#  ----- 64-Chip Sequence -----
32 0000000000000000000000000000000011111111111111111111111111111111
33 0101010101010101010101010101010110101010101010101010101010101010
34 0011001100110011001100110011001111001100110011001100110011001100
35 0110011001100110011001100110011010011001100110011001100110011001
36 0000111100001111000011110000111111110000111100001111000011110000
37 0101101001011010010110100101101010100101101001011010010110100101
38 0011110000111100001111000011110011000011110000111100001111000011
39 0110100101101001011010010110100110010110100101101001011010010110
40 0000000011111111000000001111111111111111000000001111111100000000
41 0101010110101010010101011010101010101010010101011010101001010101
42 0011001111001100001100111100110011001100001100111100110000110011
43 0110011010011001011001101001100110011001011001101001100101100110
44 0000111111110000000011111111000011110000000011111111000000001111
45 0101101010100101010110101010010110100101010110101010010101011010
46 0011110011000011001111001100001111000011001111001100001100111100
47 0110100110010110011010011001011010010110011010011001011001101001
48 0000000000000000111111111111111111111111111111110000000000000000
49 0101010101010101101010101010101010101010101010100101010101010101
50 0011001100110011110011001100110011001100110011000011001100110011
51 0110011001100110100110011001100110011001100110010110011001100110
52 0000111100001111111100001111000011110000111100000000111100001111
53 0101101001011010101001011010010110100101101001010101101001011010
54 0011110000111100110000111100001111000011110000110011110000111100
55 0110100101101001100101101001011010010110100101100110100101101001
56 0000000011111111111111110000000011111111000000000000000011111111
57 0101010110101010101010100101010110101010010101010101010110101010
58 0011001111001100110011000011001111001100001100110011001111001100
59 0110011010011001100110010110011010011001011001100110011010011001
60 0000111111110000111100000000111111110000000011110000111111110000
61 0101101010100101101001010101101010100101010110100101101010100101
62 0011110011000011110000110011110011000011001111000011110011000011
63 0110100110010110100101100110100110010110011010010110100110010110
```

图 2-7　64 阶 Walsh 码序列

3. 伪随机噪声序列（PN 码）

（1）PN 码的定义

伪随机序列又称为 PN 序列或 PN 码。如果一个序列，一方面可以预先确定，并可重复产生和复制；另一方面又具有某种随机序列的随机特性，就可以称为伪随机序列。常用的伪随机序列有 m 序列和 Gold 序列。m 序列是由 n 级线性移位寄存器产生的周期为 $2^n - 1$ 的码序列，是最长线性移位寄存器序列的简称。周期为 $2^{15} - 1$ 的 m 序列称为 PN 短码，周期为 $2^{42} - 1$ 的 m 序列称为 PN 长码。

（2）m 序列的生成

m 序列发生器由移位寄存器、反馈抽头、模 2 加运算器组成，4 级 m 序列发生器如图 2-8 所示。假定初始状态为 0001，则在时钟脉冲作用下，产生的 m 序列周期为 $2^4 - 1 = 15$，4 级发生器产生的 m 序列状态如表 2-5 所示。

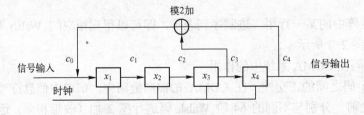

图 2-8　4 级 m 序列发生器

表 2-5　4 级发生器产生的 m 序列状态

状态	x_1	x_2	x_3	x_4	$x_3 \oplus x_4$	输出序列
脉冲 0	0	0	0	1	1	1
脉冲 1	1	0	0	0	0	0
脉冲 2	0	1	0	0	0	0
脉冲 3	0	0	1	0	1	0
脉冲 4	1	0	0	1	1	1
脉冲 5	1	1	0	0	0	0
脉冲 6	0	1	1	0	1	0
脉冲 7	1	0	1	1	0	1
脉冲 8	0	1	0	1	1	1
脉冲 9	1	0	1	0	1	0
脉冲 10	1	1	0	1	1	1
脉冲 11	1	1	1	0	1	0
脉冲 12	1	1	1	1	0	1
脉冲 13	0	1	1	1	0	1
脉冲 14	0	0	1	1	0	1
脉冲 15	0	0	0	1	1	1

（3）m 序列的性质

① 均衡性。

在 m 序列的一个周期中，0 和 1 的数目基本相等。

② 移位相加特性。

一个 m 序列与它经过任意延迟移位后产生的另一序列进行模 2 相加运算，得到的仍是这个 m 序列某次延迟移位后的序列。

③ 相关特性。

m 序列的互相关特性一般，自相关特性则与其周期大小有关。m 序列的自相关函数等于 $-1/P$（P 为序列周期），周期越大，自相关特性就越好。

④ 功率谱密度。

m 序列的功率谱密度近似于白噪声的功率谱密度。

（4）PN 码在 CDMA 系统中的作用

CDMA 系统中的 PN 短码由长度为 $2^{15}-1$ 的 m 序列在检测到一个特定状态（连续输出 14 个 "0"）时附加一个 "0" 得到的。因此，在 CDMA 系统中实际使用的 PN 短码的周期为 2^{15}，而不是 $2^{15} - 1$。CDMA 系统规定 PN 短码最小偏移单位是 64 个 bit（即 64 个 chip），所以 PN 短码共有 512 个偏置（$2^{15}/64=512$）。

PN 短码在 CDMA 前向链路中用于正交调制，使前向链路带上基站的标记，不同的基站使用不同偏置的 PN 短码以相互区分；在反向链路中，用于对反向业务信道进行调制。

PN 长码在 CDMA 中前向链路中用于对业务信道进行扰码（加密）；在反向链路中，用于直接扩频以区分不同的用户。

4. CDMA 系统中 3 种码的比较

由于 Walsh 码、PN 短码和 PN 长码的特性不同，所以它们在 CDMA 系统中的应用位置及目的也不相同，Walsh 码、PN 短码和 PN 长码的比较如表 2-6 所示。

表 2-6　Walsh 码、PN 短码和 PN 长码的比较

码序列	长度	应用位置	应用目的	主要特性
PN 长码	$2^{42}-1$	反向接入信道	直接序列扩频及标识移动台用户（信道）	具有尖锐的二值自相关特性
		反向业务信道		
		前向寻呼信道	用于数据扰码	
		前向业务信道		
PN 短码	2^{15}	所有反向信道	正交扩频，利于调制	平衡性
		所有前向信道	正交扩频，利于调制并且用于标识基站	
Walsh 码	64	前向基本信道	正交扩频及区分前向信道	正交性
		前向导频、寻呼、同步信道		
	4/8/16/32	前向补充信道		
	128	快速寻呼信道		
	16	反向基本信道	正交扩频	
	32	反向导频信道		
	2 或 4	反向补充信道		

2.2.4　CDMA 系统信道构成

CDMA 系统使用 64 阶 Walsh 码来划分信道，从基站到移动台方向称为前向信道（下行信道），从移动台到基站方向称为反向信道（上行信道）。

1. IS-95 信道

IS-95 系统的前反向信道如图 2-9 所示。其中，前向信道（Forward Channels，FCH）包括导频信道、同步信道、寻呼信道和前向业务信道；反向信道（Reverse Channels，RCH）包括接入信道和反向业务信道。

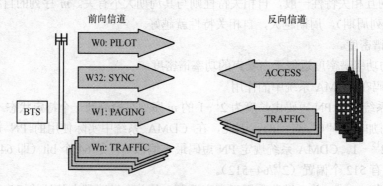

图 2-9　IS-95 系统的前反向信道

（1）前向 CDMA 信道

前向 CDMA 信道由导频信道、同步信道、寻呼信道（最多可以有 7 个）和若干个前向

业务信道组成。每一个码分信道都要由一个 Walsh 码进行正交扩频，然后再由速率为 1.2288Mchip/s 的 PN 短码扩频。800M 频段 CDMA 信道带宽为 1.23MHz，基站可按照频分多路方式使用多个前向 CDMA 信道。

前向码分信道最多有 64 个，其配置并不固定，其中导频信道一定要有，其余信道可根据情况配置。例如，可以用业务信道取代寻呼信道和同步信道，此时为 1 个导频信道、0 个寻呼信道、0 个同步信道和 63 个业务信道，业务信道数量最大。这种情况只可能发生在基站拥有两个以上频率的 CDMA 信道（即带宽大于 2.5MHz）时，其中一个频率的 CDMA 信道为基本信道，另一个频率的 CDMA 信道为辅助信道，所有移动台都先集中在基本信道上工作。若基本信道忙，可由基站在基本信道的码分寻呼信道上发出信道支配消息，将某个移动台指配到辅助信道上进行业务通信，此时辅助信道只需要 1 个导频信道，而不再需要同步信道和寻呼信道。

① 导频信道（Pilot Channel，PICH）。

导频信号由全 0 数据经 Walsh 0 和 PN 短码扩频后生成，在 CDMA 前向信道上不停发射，帮助移动台捕获系统、完成覆盖区中的同步和切换以及识别基站或扇区。导频信道的结构如图 2-10 所示。

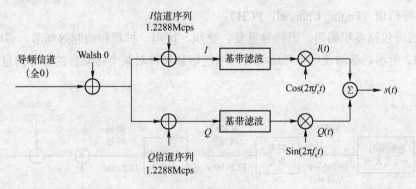

图 2-10　导频信道的结构

基站利用导频 PN 序列的时间偏置来标识自身。CDMA 系统相邻小区可以使用相同频率，网络规划在某种程度上就是相邻小区导频 PN 序列时间偏置的规划。在 CDMA 蜂窝系统中，可以重复使用相同的时间偏置（只要使用相同时间偏置的基站间隔距离足够大）。虽然导频 PN 序列的偏置值有 2^{15} 个，但由于每次延迟 64 个码片，所以实际取值只能有 512 个，即 $2^{15}/64=512$。导频信道使用偏置指数（0～511）来进行区别。偏置指数是指相对于 0 偏置导频 PN 序列的偏置值。例如，若导频 PN 序列偏置指数是 4，则该导频 PN 序列的偏置值为 $4×64=320$chips。一个基站所有前向码分信道使用相同偏置值的导频 PN 序列。

② 同步信道（Sync Channel，SCH）。

同步信道使用 Walsh 32 进行扩频，包括卷积编码、码符号重复、交织、扩频和调制等环节，同步信道的结构如图 2-11 所示。移动台在基站覆盖区中开机时利用它来获得初始时间同步。基站发送的同步信道消息包括该同步信道对应的导频信道 PN 偏置、系统时间、长码状态、系统标识、网络标识以及寻呼信道比特率等。

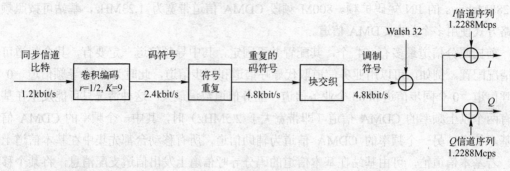

图 2-11　同步信道的结构

同步信道的比特率是 1200bit/s，其帧长为 26.666ms。同步信道上使用的 PN 序列偏置与同一前向信道中导频信道使用的相同。一旦移动台捕获到导频信道，即与导频 PN 序列同步，此时移动台在同步信道也达到了同步。这是因为同步信道和其他所有码分信道均使用相同的导频 PN 序列进行扩频，并且同一前向信道上的交织器定时也是用导频 PN 序列进行校准的。

③ 寻呼信道（Paging Channel，PCH）。

寻呼信道包括卷积编码、码符号重复、交织、扰码、扩频和调制等环节，寻呼信道的结构如图 2-12 所示。基站使用寻呼信道发送系统信息和针对某个移动台的寻呼消息。

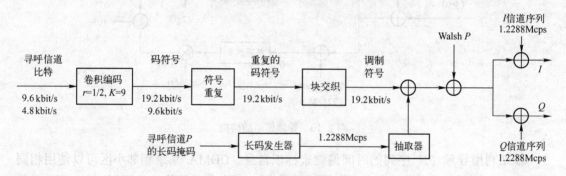

图 2-12　寻呼信道的结构

寻呼信道发送 9600bit/s 或 4800bit/s 固定数据速率的信息，帧长为 20ms，在同一系统中所有寻呼信道发送数据的速率相同。寻呼信道上使用的 PN 序列偏置与同一前向信道中导频信道使用的相同。

④ 前向业务信道（Forward-Traffic Channel，F-TCH）。

前向业务信道用于基站向移动台发送用户信息和信令信息，前向业务信道的结构如图 2-13 所示。一个前向 CDMA 信道所能支持的最大前向业务信道数等于 64 减去导频信道、寻呼信道和同步信道数。基站在前向业务信道上以 9600、4800、2400、1200bit/s 可变数据速率发送信息，前向业务信道帧长为 20ms，随机速率的选择按帧进行。

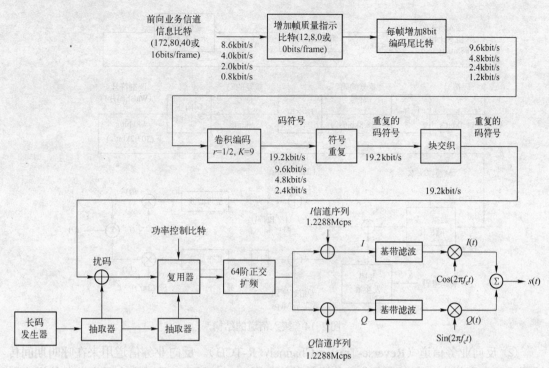

图 2-13　前向业务信道的结构

（2）反向 CDMA 信道

反向 CDMA 信道由接入信道和反向业务信道组成。这些信道采用直接序列扩频技术共用同一频率。在反向 CDMA 信道上，基站和用户使用不同的长码掩码区分每一个接入信道和反向业务信道。当长码掩码输入长码发生器时，会产生唯一的用户长码序列，其周期长度为 $2^{42}-1$。对于接入信道，不同基站或同一基站的不同接入信道使用不同的长码掩码，而同一基站的同一接入信道中用户使用的长码掩码则是一致的。进入业务信道以后，不同的用户使用不同的长码掩码，也就是不同的用户使用不同的相位偏置。反向 CDMA 信道的数据传输以 20ms 为一帧，所有的数据在发送之前均要经过卷积编码、块交织、64 阶正交调制、直接序列扩频以及基带滤波。接入信道和业务信道调制的区别在于接入信道调制不经过最初的"增加帧指示比特"和"数据突发随机化"这两个步骤，也就是说，反向接入信道调制中没有加 CRC 校验比特，而且接入信道的发送速率是固定的 4800bit/s，而反向业务信道选择不同的速率发送，支持 9600、4800、2400、1200bit/s 可变数据速率。但是反向业务信道只对 9600bit/s 和 4800bit/s 两种速率使用 CRC 校验。

① 接入信道（Access Channel，ACH）。接入信道包括卷积编码、块交织、64 阶正交调制、扩频和调制等环节，接入信道的结构如图 2-14 所示。移动台使用接入信道可发起同基站的通信、响应基站发来的寻呼消息、进行系统注册以及在没有业务时对系统情况进行实时回应。

移动台在接入信道上发送信息的速率固定为 4800bit/s，帧长度为 20ms。仅当系统时间是 20ms 的整数倍时，接入信道帧才可能开始。一个寻呼信道最多可对应 32 个反向 CDMA 接入信道，标号从 0～31。对于每一个寻呼信道，至少应有一个反向接入信道与之对应，每个接入信道都应与一个寻呼信道相关联。在移动台刚刚进入接入信道时，首先以 4800bit/s 的速率发射一个全零的接入信道前缀，以此帮助基站捕获移动台的接入信道消息。

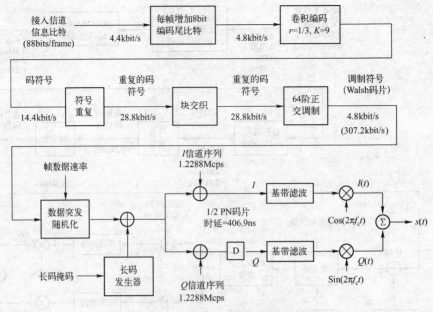

图 2-14 接入信道的结构

② 反向业务信道（Reverse-Traffic Channel，R-TCH）。反向业务信道用来在呼叫期间传输用户信息和信令信息，反向业务信道的结构如图 2-15 所示。移动台在反向业务信道上以 9600、4800、2400、1200bit/s 可变数据速率发送信息。反向业务信道帧的长度为 20ms。速率的选择以一帧（即 20ms）为单位，即上一帧是 9600bit/s，下一帧就可能是 4800bit/s。反向业务信道比接入信道多了"增加帧质量指示比特"和"数据突发随机化"两个环节，具有 CRC 校验功能。但反向业务信道只对 9600bit/s 和 4800bit/s 两种速率使用 CRC 校验。

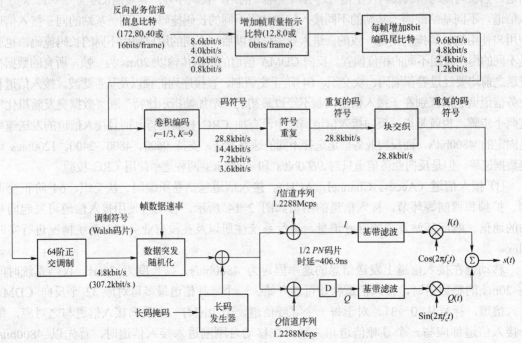

图 2-15 反向业务信道的结构

2．CDMA 2000 x1 信道

CDMA 2000 1x 信道根据传输方向可以分为前向信道和反向信道，如图 2-16 所示。

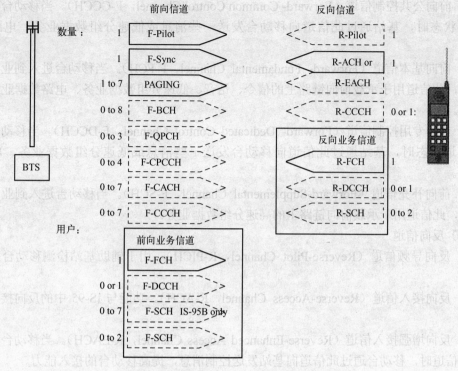

图 2-16　CDMA 2000 x1 系统的前反向信道

（1）前向信道

① 前向导频信道（Forward-Pilot Channel，F-PICH）。功能等同于 IS-95 中的导频信道，基站通过此信道发送导频信号供移动台识别基站并引导移动台入网。

② 前向同步信道（Forward-Sync Channel，F-SCH）。功能等同于 IS-95 中的同步信道，用于为移动台提供系统时间和帧同步信息。基站通过此信道向移动台发送同步信息，以建立移动台与系统间的定时和同步。

③ 前向寻呼信道（Forward-Paging Channel，F-PCH）。功能等同于 IS-95 中的寻呼信道，基站通过此信道向移动台发送有关寻呼、指令以及业务信道指配信息。

④ 前向广播信道（Forward-Broadcast Channel，F-BCH）。基站通过此信道发送系统消息给移动台。

⑤ 前向快速寻呼信道（Forward-Quick Paging Channel F-QPCH）。基站通过此信道快速指示移动台在哪一个时隙上接收 F-PCH 或 F-CCCH 上的控制消息。移动台不用长时间监视 F-PCH 或 F-CCCH 的时隙，可以较大幅度节省移动台电能。

⑥ 前向公共功率控制信道（Forward- Common Power Control Channel，F-CPCCH）。当移动台在 R-CCCH 上发送数据时，基站通过此信道向移动台发送反向功率控制比特。

⑦ 前向公共指配信道（Forward- Common Assignment Channel，F-CACH）。F-CACH 通常与 F-CPCCH、R-EACH 和 R-CCCH 配合使用。当基站解调出一个 R-EACH Header 后，通

过 F-CACH 指示移动台在哪一个 R-CCCH 信道上发送接入消息，接收哪个 F-CPCCH 子信道的功率控制比特。

⑧ 前向公共控制信道（Forward- Common Control Channel，F-CCCH）。当移动台处于业务信道状态时，基站通过此信道向移动台发送一些消息或低速分组数据业务、电路数据业务。

⑨ 前向基本信道（Forward- Fundamental Channel，F-FCH）。当移动台进入到业务信道状态后，此信道用于承载前向链路上的信令、话音、低速分组数据业务、电路数据业务或辅助业务。

⑩ 前向专用控制信道（Forward- Dedicated Control Channel，F-DCCH）。当移动台处于业务信道状态时，基站通过此信道向移动台发送一些消息或低速分组数据业务、电路数据业务。

⑪ 前向补充信道（Forward-Supplemental Channel，F-SCH）。当移动台进入到业务信道状态后，此信道用于承载前向链路上的高速分组数据业务。

（2）反向信道

① 反向导频信道（Reverse-Pilot Channel，R-PICH）。用于辅助基站检测移动台所发射的数据。

② 反向接入信道（Reverse-Access Channel，R-ACH）。功能与 IS-95 中的反向接入信道相同。

③ 反向增强接入信道（Reverse-Enhanced Access Channel，R-EACH）。当移动台还未建立业务信道时，移动台通过此信道向基站发送控制消息，提高移动台的接入能力。

④ 反向公共控制信道（Reverse- Common Control Channel，R-CCCH）。当移动台还没有建立业务信道时，移动台通过此信道向基站发送一些控制消息和突发的短数据。

⑤ 反向基本信道（Reverse- Fundamental Channel，R-FCH）。当移动台进入到业务信道状态后，此信道用于承载反向链路上的信令、话音、低速分组数据业务、电路数据业务或辅助业务。

⑥ 反向专用控制信道（Reverse- Dedicated Control Channel，R-DCCH）。当移动台处于业务信道状态时，移动台通过此信道向基站发送一些消息或低速分组数据业务、电路数据业务。

⑦ 反向补充信道（Reverse-Supplemental Channel，R-SCH）。当移动台进入到业务信道状态后，此信道用于承载反向链路上的高速分组数据业务。

2.3 任务实施

2.3.1 网络测试的基本流程

通过测试采集无线网络运行数据是网络优化的重要环节，网络测试主要包括了新建测试工程、设置工程参数、配置连接设备、创建测试模板、保存测试工程、开始测试、显示测试信息和结束测试等步骤，网络测试的基本流程如图 2-17 所示。

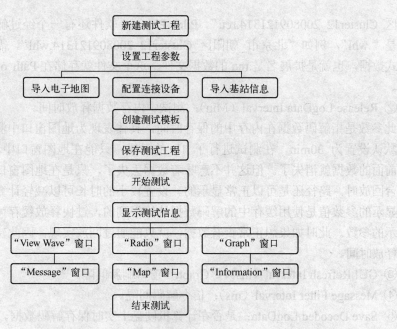

图 2-17　网络测试的基本流程

2.3.2　采集室外话音覆盖数据

1．新建测试工程

启动 Pilot Pioneer 软件，出现图 2-18 所示窗口。选中"创建新的工程"并单击"确定"按钮新建测试工程。

2．设置工程参数

在弹出的"Configure Project"窗口中设置工程参数，如图 2-19 所示。

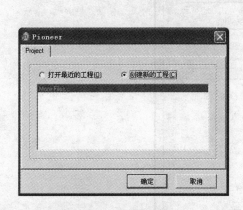

图 2-18　新建测试工程

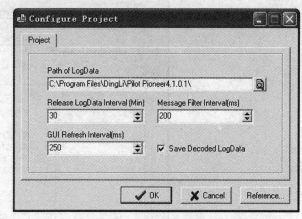

图 2-19　设置工程参数

（1）设置通用工程参数

① Path of LogData：测试数据保存路径。前台软件对于测试数据有一个很大比例的压缩，压缩比大概是 1∶6。压缩后数据文件（Log 文件）的扩展名是".rcu"，例如"北京市_

朝阳区_Cluster12_200809121314.rcu"。Pilot Pioneer 软件还有一个经过解码的数据文件，扩展名是".whl"，例如"北京市_朝阳区_Cluster12_200809121314.whl"。需要保存的是原始压缩格式数据，也就是扩展名是.rcu 的数据文件。这个文件就存储在 Path of LogData 设定的目录中。

② Release LogData Interval（Min）：测试中内存数据释放时间。

此参数是指解码数据在内存中的保存时间，具体表现为地图窗口中测试路径显示时长。软件默认设置为 30min，在测试进行了 1h 的时候，只能在地图窗口中看到后 30min 的数据，前面的数据就消失了。但这并不意味着数据丢失了，只是在地图窗口中没有显示而已。在后台回放时，路径还是可以正常显示的。设置较小的时长可以减轻计算机的运算压力，但窗口显示的参数值是使用缓存中的解码数据计算得到的，过快释放缓存可能导致来不及计算要显示的参数。此时如果想正常查看数据，就只能通过回放实现，因此建议用户不要设置过短的释放时间。

③ GUI Refresh Interval（ms）："Graph"窗口刷新间隔。

④ Message Filter Interval（ms）：信令解码间隔。

⑤ Save Decoded LogData：是否在计算机硬盘上实时保存解码数据。

（2）设置高级工程参数

单击"Reference"按钮打开"Reference Option"窗口，设置数据分段保存方式如图 2-20 所示。通过"General"选项卡中的"LogData Save Option"可指定数据分段保存方式。选中"Auto switch to save by time"复选框，时间设为 60min。

① Auto switch to save by time：按测试时长自动断开 Log 文件。

② Auto switch to save by size：按文件大小自动断开 Log 文件。

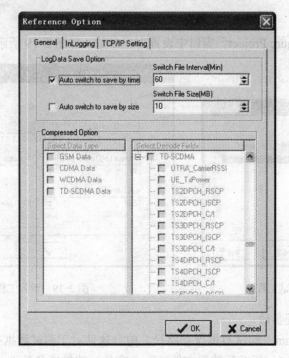

图 2-20　设置数据分段保存方式

单击"OK"按钮激活"Configure Project"窗口，单击其中的"OK"按钮完成工程参数的设置并进入"Pilot Pioneer"的工作界面，如图 2-21 所示。"Pilot Pioneer"工作界面左侧为导航栏，右侧为工作区。

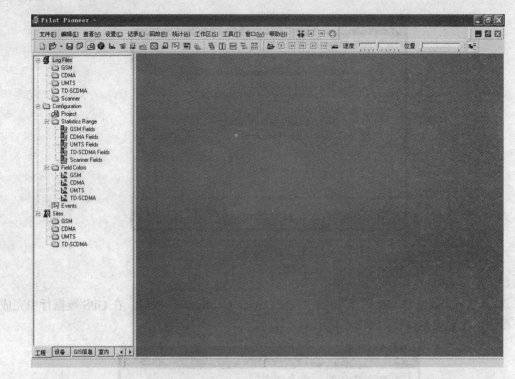

图 2-21　"Pilot Pioneer"的工作界面

3. 配置连接设备

用鼠标双击导航栏"设备"→"Devices"或用鼠标右键单击后在弹出的快捷菜单中选择"编辑"，或者选择主菜单"设置"→"设备"，打开"Configure Devices"窗口，配置连接设备如图 2-22 所示。

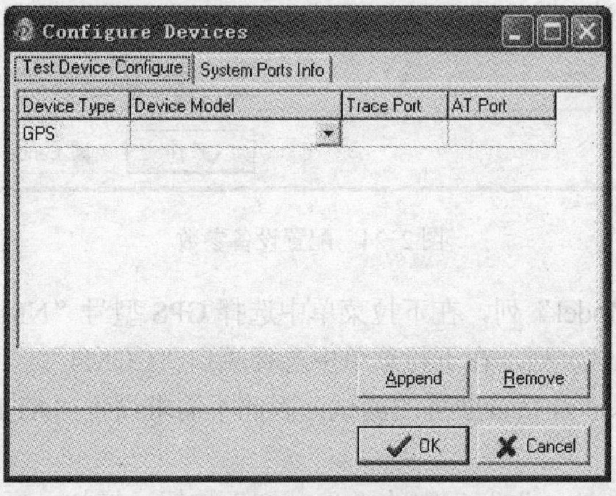

图 2-22　配置连接设备

（1）查看设备端口号

选择"Configure Devices"窗口的"System Ports Info"板面可查看设备端口号，如图 2-23 所示。其中 GPS 的 Trace 端口为 COM4，手机的 Trace 端口为 COM6。

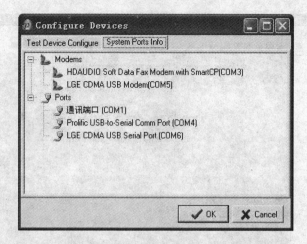

图 2-23　查看设备端口号

（2）配置 GPS

选择"Configure Devices"窗口的"Test Device Configure"板面，在 GPS 数据行中完成以下配置，配置设备参数如图 2-24 所示。

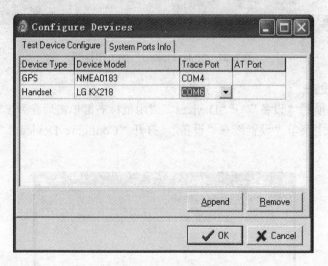

图 2-24　配置设备参数

① 单击"Device Model"列，在下拉菜单中选择 GPS 型号"NMEA0183"。

② 单击"Trace Port"列，在下拉菜单中选择端口"COM4"。

③ 由于本次任务只涉及话音业务的测试，因此不需求设置"AT Port"。

（3）配置测试手机

单击"Configure Devices"窗口中的"Append"按钮，增加一行空白数据并完成以下配置，如图 2-24 所示。

① 单击"Device Type"列，在下拉菜单中选择设备类型"Handset"。

② 单击"Device Model"列，打开"Select Device Model"对话框，选择手机型号如图 2-25 所示。选择手机型号"LG KX218"，单击"OK"按钮激活"Configure Devices"窗口。

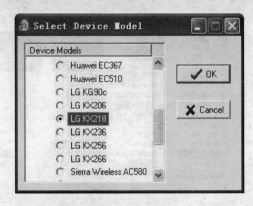

图 2-25　选择手机型号

③ 单击"Trace Port"列，在下拉菜单中选择端口"COM6"。

④ 由于本次任务只涉及话音业务的测试，因此不需求设置"AT Port"。

单击"Configure Devices"窗口中的"OK"按钮，完成设备配置并返回"Pilot Pioneer"工作界面。

4. 导入电子地图

1）用鼠标双击导航栏中的"GIS 信息"→"Geo Maps"或用鼠标右键单击后在弹出的快捷菜单中选择"导入"，或者选择主菜单"编辑"→"地图"→"导入"，打开"Choose Support Graph Type"窗口，选择地图类型如图 2-26 所示。Pilot Pioneer 软件支持的电子地图文件格式包括数字地图文件、AutoCAD 的 Dxf 文件、MapInfo 的 Mif 文件、MapInfo 的 Tab 文件、Terrain 的 TMB/TMD 文件、USGS 的 DEM 文件、ArcInfo 的 Shp 文件和非标准格式的 Img 文件，如 bmp 文件等。室外测试任务使用的是 Tab 文件，因此选择"MapInfo Tab Files"。

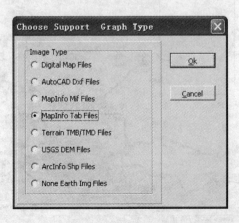

图 2-26　选择地图类型

2）单击"OK"按钮，打开"MapInfo Tab Files"窗口，选择地图文件如图 2-27 所示。

通过存储路径找到并选择要导入的地图文件，单击"打开"按钮完成导入。按住键盘上〈Ctrl〉键的同时单击鼠标可实现多选。

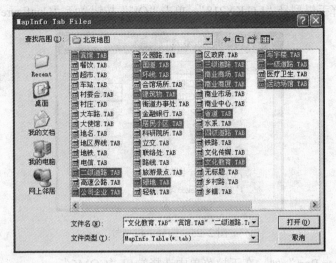

图 2-27 选择地图文件

3）成功导入地图后，导航栏"GIS 信息"→"[Usaved]"→"Geo Maps"下面"text"和"vector"前会出现"+"，单击"+"可以展开查看具体内容。单击工具栏中的"●"图标，打开"Map"窗口，从导航栏中分别拖动"vector"和"text"到"Map"窗口，即可看到地图信息，显示地图信息如图 2-28 所示。

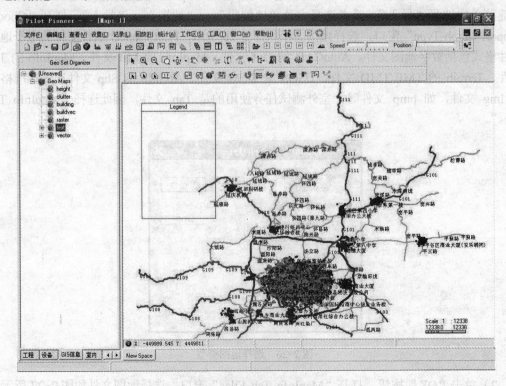

图 2-28 显示地图信息

特别说明：网优测试需要 GPS 与电子地图配合定位，此图为北京旧版部分地理信息，内容未经核实且清晰度较低，仅作为路测软件操作演示参考图片使用，无地图功能。

5．导入基站信息

Pilot Pioneer 软件对 CDMA 2000 基站数据库格式要求是*.txt，基站数据库表头字段如表 2-7 所示。字段顺序没有要求，但名称要求严格一致。

表 2-7　基站数据库表头字段

SITE NAME	基 站 名 称
LONGITUDE	基站中的中央子午线经度
LATITUDE	基站中的中央子午线纬度
CELL NAME	小区名称
BID	基站 ID
NID	网络 ID
SID	移动业务本网 ID
PN	导频
AZIMUTH	天线方位角

1）用鼠标右键单击导航栏"工程"→"Sites"，在弹出的快捷菜单中选择"导入"，或者选择主菜单"编辑"→"基站数据库"→"导入"，打开"Select Sites Type"窗口，选择基站类型如图 2-29 所示。Pilot Pioneer 软件支持的基站类型包括 GSM（2G）、CDMA（CDMA 2000）、UMTS（WCDMA）和 TD-SCDMA。本次任务测试 CDMA 2000 系统，因此选择"CDMA"。

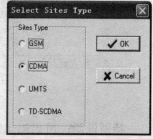

2）单击"OK"按钮，打开"Select Import Sites File"窗口，选择基站文件如图 2-30 所示。通过存储路径找到并选择要导入的基站文件，单击"打开"按钮完成导入。

图 2-29　选择基站类型

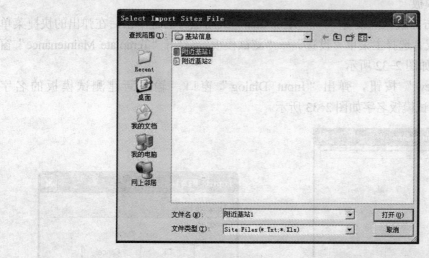

图 2-30　选择基站文件

3）成功导入基站后，导航栏"工程"→"Sites"→"CDMA"前会出现"+"，单击"+"可以展开查看具体内容。单击工具栏中的 "🌐" 按钮，打开"Map"窗口，从导航栏中拖动"CDMA"到"Map"窗口，即可看到基站信息，显示基站信息如图2-31所示。

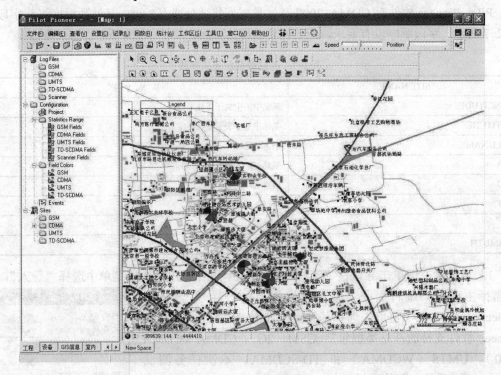

图2-31　显示基站信息

特别说明：网优测试需要GPS与电子地图配合定位，此图为北京旧版部分地理信息，内容未经核实且清晰度较低，仅作为路测软件操作演示参考图片使用，无地图功能。

6．创建测试模板

1）用鼠标双击导航栏"设备"→"Templates"或用鼠标右键单击后在弹出的快捷菜单中选择"编辑"，或者选择主菜单"设置"→"测试模板"，打开"Template Maintenance"窗口，模板管理窗口如图2-32所示。

2）单击"New"按钮，弹出"Input Dialog"窗口。输入新建测试模板的名字"longcall"，输入测试模板名字如图2-33所示。

图2-32　模板管理窗口

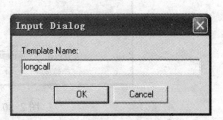

图2-33　输入测试模板名字

3）单击"OK"按钮，激活"Template Configuration"窗口。由于测试话音业务，因此选择"New Dial"，选择测试的业务类型如图 2-34 所示。

4）单击"OK"按钮，弹出"Select Network"窗口。由于测试 CDMA 2000 系统，所以选择"CDMA"，选择测试的网络类型如图 2-35 所示。

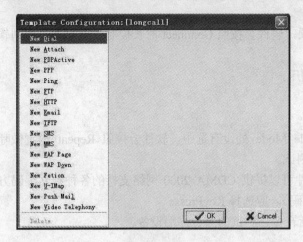 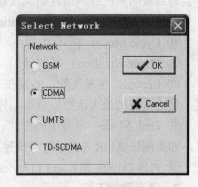

图 2-34　选择测试的业务类型　　　　　　图 2-35　选择测试的网络类型

5）单击"OK"按钮，激活"Template Configuration"窗口。按图 2-36 所示配置测试模板参数，单击"OK"按钮完成。测试模板主要参数说明如下。

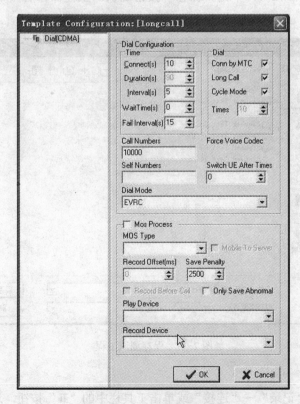

图 2-36　配置测试模板参数

① Connect（s）：连接时长。如果主叫手机正常起呼，在设置的连接时长内被叫手机没有正常响应，软件会自动挂断此次呼叫而等待下一次呼叫。

② Duration（s）：通话时长。

③ Interval（s）：两次通话间的间隔。出现未接通或掉话时，要等到 Interval 时间间隔之后才做下一次起呼。

④ Conn by MTC：如果选中了此项，软件会按照 Connnect 时长控制手机起呼，否则软件会等到被叫响应或网络挂断此次起呼。

⑤ Long Call：长呼，与 Duration 相斥。

⑥ Cycle Mode：循环测试。

⑦ Phone Numbers：被叫号码。

⑧ Repeat：重复次数。如果在 Cycle Mode 处没有选中，软件会按照 Repeat 设置做呼叫，到达设定的最大次数后会自动停止测试。

⑨ Dial Mode：话音编码方式。软件可以提供 CDMA 2000 网络支持的各种独立编码方式，如果测试 AMR（自适应可变速率编码），应选择 KeyPress。

⑩ Play Device 和 Record Device：话音拨打测试的两台终端设备。

7．保存测试工程

单击工具栏中的"圖"按钮或选择主菜单"文件"→"保存"→"工程"，打开"Save Project As"窗口，保存测试工程如图 2-37 所示。选择工程保存路径并输入文件名称（工程文件的扩展名为".pwk"），单击"保存"按钮确认。工程保存后，下次测试时可直接打开使用。

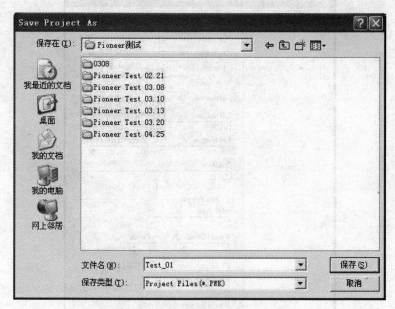

图 2-37　保存测试工程

8．开始测试

1）选择主菜单"记录"→"连接"或单击工具栏中的"器"按钮，连接设备。

2）选择主菜单"记录"→"开始"或单击工具栏中的"⊡"按钮，打开"Save Log File"窗口，指定测试数据文件如图 2-38 所示。测试数据文件名称默认采用"×××_日期-时分秒"的格式，用户也可重新指定，此处文件名为"voice_0404-173336"。

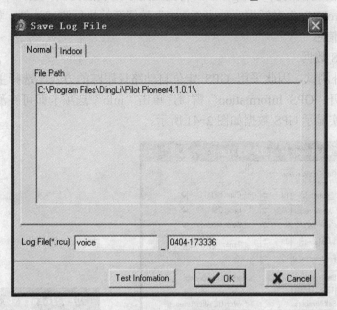

图 2-38　指定测试数据文件

3）单击"OK"按钮，弹出"Logging Control Win"窗口，测试控制窗口如图 2-39 所示。

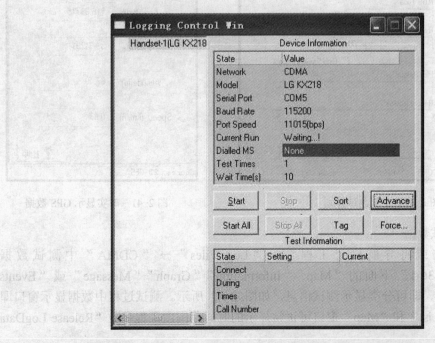

图 2-39　测试控制窗口

4）选择对话框左侧的测试终端"Handset-1（LG KX218）"，单击"Advance"按钮打开"Modify Template of Handset-1（LG KX218）"窗口，定制测试计划如图2-40所示。

5）选中左侧的测试模板"longcall"，将其应用于定制的测试计划，单击"OK"按钮激活"Logging Control Win"对话框。单击"Start"按钮开始执行测试计划，如图2-39所示。

9. 显示测试信息

（1）显示GPS数据

由于进行室外测试，因此采用GPS定位自动路径跟踪的方式。选择主菜单"视图"→"GPS信息"，打开"GPS Information"窗口，单击"info"选项卡即可在测试过程中时实显示GPS数据，时实显示GPS数据如图2-41所示。

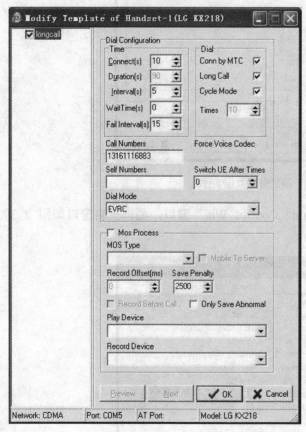

图2-40　定制测试计划

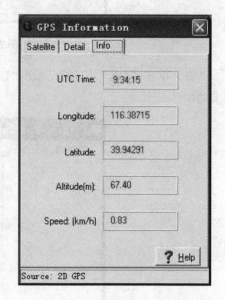

图2-41　时实显示GPS数据

（2）显示测试数据

用鼠标双击或将导航栏"工程"→"Log Files"→"CDMA"中测试数据"voice_0404-173336-1"下面的"Map""Information""Graph""Message"或"Events List"拖入工作区，即可分类显示测试信息，如图2-42所示。测试过程中数据显示窗口即时刷新，"Event List"和"Map"窗口可正常显示的时间范围由工程参数"Release LogData Interval"来决定。

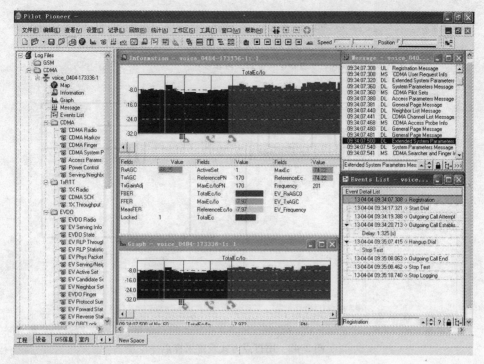

图 2-42　分类显示测试信息

10．结束测试

1）单击工具栏中的"❀"按钮，激活"Logging Control Win"窗口。单击Stop"按钮终止测试计划的执行，如图 2-39 所示。

2）单击工具栏中的"▣"按钮，停止向数据文件中写入数据。

3）单击工具栏中的"❀"按钮，断开设备连接。

2.3.3　采集室内话音覆盖数据

1．室内外数据采集的区别

采集室内话音覆盖数据与采集室外话音覆盖数据的步骤基本相同，区别在于以下几点。

1）室内测试不需要连接和配置 GPS 设备。

2）室内测试导入的是 Img 格式楼道布局图。

3）室内测试使用人工打点方式设定采样点。

2．室内话音数据采集步骤

进行室外测试时，系统会根据电子地图和 GPS 实时数据周期性地自动确定采样点并形成测试路径。室内测试不使用 GPS，通过"Map"窗口上的 Mark 描点工具以人工打点方式对测试路线中的特征位置进行标记并形成测试路径，用打点方式设定采样点如图 2-43 所示。

1）单击 Map 窗口上的 Mark 描点工具按钮"⊕"，激活打点功能。

2）按照室内测试路径在"Map"窗口中画线，每走到一个可以标记的地点，就在 Map 窗口中对应位置上单击鼠标，标记一个 Mark 点。系统自动用直线连接两个 Mark 点，两点之间的采样点均匀分配。测试过程中所有 Mark 点及之间的连线组成了室内测试路径。

3）再次单击"Map"窗口上的 Mark 描点工具按钮"⊕"，关闭打点功能。

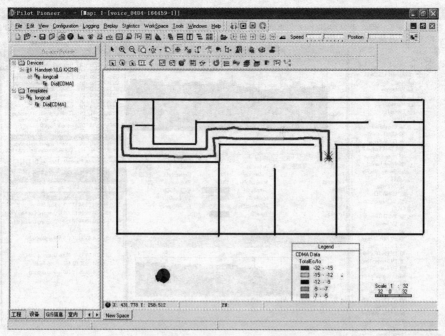

图 2-43　用打点方式设定采样点

2.4　验收评价

2.4.1　任务实施评价

"采集话音覆盖数据"任务评价表如表 2-8 所示。

表 2-8　"采集话音覆盖数据"任务评价表

任务 2　采集话音覆盖数据					
班级			小组		
评价要点	评价内容	分值	得分	备注
基础知识 （35 分）	明确工作任务和目标	5		
	数据采集的内容	5		
	路测（DT）和点测（CQT）	5		
	多址接入技术	5		
	扩频通信技术	5		
	CDMA 系统使用的扩频码	5		
	CDMA 系统的信道构成	5		
任务实施 （55 分）	网络测试的基本流程	15		
	采集室外话音覆盖数据	20		
	采集室内话音覆盖数据	20		
操作规范 （10 分）	按规范操作，防止损坏仪器仪表	5		
	保持环境卫生，注意用电安全	5		
合　计		100		

2.4.2　思考与练习题

1. 网络优化所需采集的数据分为哪两类？
2. 什么是路测（DT）？它的主要内容是什么？
3. 什么是点测（CQT）？它的主要内容是什么？
4. 简述话音 DT 呼叫测试的步骤。
5. 简述话音 CQT 呼叫测试的步骤。
6. 什么是多址接入技术？常用的多址接入技术有哪 3 种？
7. 什么是扩频通信技术？它有什么特点？
8. CDMA 系统使用了哪 3 种码？它们的应用位置及目的是什么？
9. 简述 IS-95 信道的构成和作用。
10. 简述 CDMA 2000 信道的构成和作用。

任务 3　评估话音覆盖情况

【学习目标】
◇ 了解移动网络话音业务测试主要指标。
◇ 掌握功率控制技术、软切换技术和分集接收技术。
◇ 观察并分析采样点话音覆盖参数。
◇ 统计评估网络话音覆盖性能指标。

3.1　任务描述

网络数据分析是网络优化工作中的一个重要环节，只有对采集来的网络测试数据进行全面系统的分析，才能对网络故障进行诊断和定位，从而为进一步制定网络优化措施提供基础。本任务通过前台路测软件对采集的室外话音覆盖数据进行观察和分析，并使用后台分析软件统计网络性能指标、评估话音覆盖情况，任务说明如表 3-1 所示。

表 3-1　"评估话音覆盖情况"任务说明

工作内容	观察并分析采样点参数	统计评估网络性能指标
业务类型	中国电信 CDMA 2000 话音业务	中国电信 CDMA 2000 话音业务
硬件设备	测试计算机	测试计算机
软件工具	Pilot Pioneer	Pilot Navigator、Excel
备用资料	电子地图、基站信息、测试数据文件	电子地图、基站信息、测试数据文件

3.1.1　话音业务测试参数

CDMA 数据分析中有 5 个比较重要的参数，分别是 E_c/I_o、TxPower、RxPower、TxGainAdj 和 FFER。其中，E_c/I_o、TxGainAdj 的单位是"dB"，TxPower、RxPower 的单位是"dBm"。

dBm 是一个表征功率绝对量的值，计算公式为"10lg（功率值/1mw）"。例如：对于 40W 的功率，按 dBm 单位进行折算后的值应为 10lg（40W/1mw）=10lg（40000）=46dBm。

dB 是一个表征功率相对量的值，当考虑功率 1 相比于功率 2 大或小多少个 dB 时，计算公式为"10lg（功率 1/功率 2）"。例如：功率 1 比功率 2 大一倍时，10lg（功率 1/功率 2）=10lg2=3dB。也就是说，功率 1 比功率 2 大 3dB。

1. E_c/I_o

E_c/I_o 是每码片能量与干扰功率谱密度之比，即解调后的可用信号功率与总功率之比，它反映了手机当前接收到的导频信号的水平。因为手机经常处在一个多路软切换的状态，也就是经常处在多个导频重叠覆盖的区域，所以 E_c/I_o 值反映了无线网络某一点上多路导频信号的整体覆盖水平。E_c（Energy Chip）是指一个码片的平均能量，是手机可用导频的信号强度；I_o（Interfece Other Cell）是指手机接收到的包含来自其他小区干扰能量在内的所有信号的强度。因此，E_c/I_o反映了可用信号的强度在所有信号中占据的比例。这个值越大，说明有用信号的比例越大，反之亦反。

在某一点上E_c/I_o大，有两种可能性：一是E_c很大，在这里占据主导水平；另一种是E_c不大，但是I_o很小，也就是说这里来自其他基站的杂乱导频信号很少，所以E_c/I_o也可以较大。后一种情况属于弱覆盖现象，因为E_c和I_o都不大，说明接收信号强度指示（Received Signal Strength Indicator，RSSI）较小，可能会出现掉话的情况。

在某一点上E_c/I_o小，也存在两种可能性：一是E_c小，RSSI也小，这是弱覆盖现象；另一种是E_c小，RSSI却不小，这说明了信号总强度I_o并不差。这种情况经常是BSC切换数据配置出了问题，没有将附近较强的导频信号加入相邻小区列表所致。手机不能识别附近的强导频信号，将其作为一种干扰信号处理。在路测中，这种情况的典型现象是手机在移动中RSSI保持一定水平，但E_c/I_o急剧下降，前向误帧率FFER急剧升高，并最终掉话。

2．TxPower

TxPower是手机的发射功率。功率控制是保证CDMA通话质量和解决小区干扰容限的一个关键手段，在离基站近、上行链路质量好的地方，手机的发射功率就小，因为这时候基站能够保证接收到手机发射的信号且误帧率较低。另一方面，手机的发射功率小，对本小区内其他手机的干扰也小。因此，手机发射功率水平反映了当前上行链路的损耗水平和干扰情况。上行链路损耗大或者存在严重干扰时，手机的发射功率就会变大，反之手机发射功率就会变小。正常情况下，在路测中手机靠近基站或直放站时，发射功率会减小；远离基站和直放站时，发射功率会增大。如果出现基站、直放站附近手机发射功率大的情况，很明显是不正常的表现。可能的情况是上行链路存在干扰，也有可能是基站或直放站本身的问题。例如小区天线接错，接收载频放大电路存在问题等。如果是直放站附近，手机发射功率大，很可能是直放站故障、上行增益设置太小等。路测中的TxPower水平反映了基站覆盖区域的反向链路质量和上行干扰水平。

3．RxPower

RxPower是手机的接收功率。在CDMA中，有3个参数的概念比较接近，几乎可以等同使用，它们分别是RxPower、RSSI和I_o。RxPower是手机的接收功率，I_o是手机当前接收到的所有信号的强度，RSSI是接收到下行频带内的总功率。这三者称谓解释不同，但理解上大同小异，都是指手机接收到的总信号强度。RxPower反映了手机当前的信号接收水平，RxPower小的地方属于弱覆盖区域，RxPower大的地方属于覆盖好的区域。但是RxPower高的地方并不一定信号质量就好，因为可能存在信号杂乱、无主导频或者强导频太多而形成导频污染等情况。因此，对RxPower的分析要结合E_c/I_o进行。RxPower只是简单地反映了路测区域的信号覆盖水平，而不是信号覆盖质量的情况。

4．TxGainAdj

TxGainAdj为手机发射增益调整值，它反映了上下行链路的平衡状况，是计算得到的，不是测量出来的。

1）800M CDMA系统的计算公式为：TxGainAdj=73dB+TxPower+RxPower。

2）1900M CDMA系统的计算公式为：TxGainAdj=76dB+TxPower+RxPower。

TxGainAdj 是对手机当前所在地点上行链路质量和下行链路质量的比较。正常情况下，手机离基站近时，发射功率会减小，接收功率会变大；手机离基站远时，发射功率会增大，接收功率会变小。因此，手机的发射功率、接收功率与常数修正值之和应该在一个较小的区间内（例如-10dB 至+10dB 之间）变化。TxGainAdj 很大说明手机的发射功率和接收功率都较大，手机当前的下行链路质量很好（接收功率大），而上行链路质量差（发射功率大），此时前向链路好于反向链路。反之，TxGainAdj 很小说明反向链路好于前向链路。由于基站的覆盖范围取决于反向链路的损耗水平，因此 TxGainAdj 一般要求在 0dB 以下。大于 10dB 的情况说明反向链路相比于前向链路差很多，无线覆盖很不理想。当然，对于 TxGainAdj 而言也不能说是越小越好。但是，在实际路测中遇到的情况往往是 TxGainAdj 过高，前向链路好、反向链路差。

5. FFER（前向误帧率）

FFER 为前向误帧率，与 E_c/I_o 一样，它也是一个综合前向链路质量的反映。因为当手机处在多路软切换的情况下时，误帧率实际上是多路前向信号质量的一个综合值。FFER 小说明手机所处的前向链路好，接收到的信号好，此时 E_c/I_o 也应该比较好；FFER 大说明手机接收到的信号差，这个时候 E_c/I_o 应该也较差。在实际路测中，FFER 较大也可能是由于相邻小区切换参数配置错误引起的。如果相邻小区切换关系漏配、单配，会造成手机在移动中无法识别邻区导频，无法识别的导频会变成干扰信号，导致 FFER 升高。此时表现为"手机在移动的过程中，FFER 急剧升高的同时 E_c/I_o 急剧下降，并且最终掉话"。FFER 跟 E_c/I_o 是紧密联系的。FFER 反映了通话质量的好坏，即路测区域的信号覆盖质量水平，而不是信号覆盖强度水平。有些地点虽然属于弱覆盖区域，但信号比较干净（杂乱的信号少、干扰少），则FFER 也会较好。

以上 5 个参数中，E_c/I_o 和 RxPower 为手机待机或通话中都有的参数，而 TxPower、TxGainAdj 和 FFER 则只是在手机起呼和通话中才有。将这些参数结合起来，能够分析路测区域的前向覆盖强度水平、前向覆盖质量水平、反向链路损耗水平等情况，是路测分析中最为重要的内容。参数值的覆盖评估基准如表 3-2 所示。深入理解这些参数，结合路测整体情况进行具体分析，是从事网络优化工作的一个基本条件。

表 3-2 参数值的覆盖评估基准

参数（单位）	优秀	良好	一般	较差	很差
E_c/I_o（dB）	$X \geqslant -5$	$-5 > X \geqslant -7$	$-7 > X \geqslant -11$	$-11 > X \geqslant -15$	$X < -15$
TxPower（dBm）	$X \leqslant -20$	$-20 < X \leqslant -10$	$-10 < X \leqslant 10$	$10 < X \leqslant 20$	$X > 20$
RxPower（dBm）	$X \geqslant -75$	$-75 > X \geqslant -85$	$-85 > X \geqslant -95$	$-95 > X \geqslant -105$	$X < -105$
TxGainAdj（dB）	$X \leqslant -10$	$-10 < X \leqslant 0$	$0 < X \leqslant 5$	$5 < X \leqslant 10$	$X > 10$
FFER（%）	$X \leqslant 1$	$1 < X \leqslant 3$	$3 < X \leqslant 5$	$5 < X \leqslant 10$	$X > 10$

3.1.2 话音业务测试指标

1. DT 覆盖率

（1）定义

① 覆盖率=（$E_c/I_o \geqslant -12$dB & TxPower$\leqslant 15$dBm & RxPower$\geqslant -90$dBm）的采样点数/总采

样点数×100%。

其中：空闲状态下采集到的采样点数按（E_c/I_o≥-12dB & RxPower≥-90dBm）纳入统计。

② 覆盖率=（E_c/I_o≥-12dB & TxPower≤20dBm & RxPower≥-95dBm）的采样点数/总采样点数×100%。

其中：空闲状态下采集到的采样点数按（E_c/I_o≥-12dB & RxPower≥-95dBm）纳入统计。

（2）说明

① 采样点总数为主、被叫测试手机的采样点样本数之和。

② 覆盖率综合通话状态及空闲状态的结果。

③ 定义1适用于城区，定义2适用于农村。

2. CQT 覆盖率

（1）定义

覆盖率=符合试呼条件的采样点数/采样点数×100%。

（2）说明

① 符合试呼条件的采样点数=连续 5s（E_c/I_o≥-12dB & RxPower≥-95dBm）的采样点数。

② 覆盖率取主叫手机的统计结果。

3. 掉话率

（1）定义

掉话率=掉话总次数/接通总次数×100%

（2）说明

① 接通次数：当一次试呼开始后，被叫手机在 15s 内接收到前向业务信道警报消息（Alert With Information Message，AWIM）就计数为一次接通。若某次呼叫被叫没有接收到该消息，取被叫手机接收的反向业务信道服务连接完成消息（Service Connect Completion Message，SCCM）或者前向业务信道服务连接消息（Service Connect Message，SCM）。15s 内被叫手机没有收到前向业务信道 AWIM、反向业务信道 SCCM 及前向业务信道 SCM 中的任何一条信令，呼叫等待时长超时，确定为呼叫失败。

② 掉话次数：在一次通话中如出现顺序释放消息（Release Order Message），就计为一次呼叫正常释放。只有当该消息未能出现而收到同步消息（Sync Message）或测试手机直接由专用模式转为空闲模式时，才计为一次掉话。

③ 在一次掉话过程中如果是主叫或被叫单独掉话的情况，计为一次掉话。在一次掉话过程中如果出现主、被叫都掉话的情况，只计为一次掉话。

4. 里程掉话比

（1）定义

里程掉话比=覆盖里程/掉话次数。

（2）说明

① 覆盖里程：（E_c/I_o≥-12dB & TxPower≤20dBm & RxPower≥-95dBm）的测试路段里程数。

② 掉话次数：参见掉话率中的掉话次数。

③ 适用于高速公路。

5．话音 MOS 值

（1）定义

话音 MOS 值采用"主观话音质量评估"（Perceptual evaluation of speech quality，PESQ）算法，取"听音质量"（Listening quality，LQ）值。

（2）说明

① 要求计算 PESQ LQ 值区间分布比例和平均值。

② MOS 高分比例=（MOS 值≥3）的采样点数/总采样点数×100%。

③ MOS 等级分值表如表3-3所示。

表 3-3　MOS 等级分值表

等级	收听注意力说明	PESQ LQ 值
1	即使努力去听，也很难听清	[1.0，1.7]
2	需要集中注意力	[1.7，2.4]
3	中等程度的注意力	[2.4，3.0]
4	需要注意，不需要明显集中注意力	[3.0，3.5]
5	可以完全放松，不需要注意力	[3.5，4.5]

6．里程覆盖率

（1）定义

通话音状态时里程覆盖率=（E_c/I_o≥-12dB & TxPower≤20dBm & RxPower≥-95dBm）的测试路段里程数/测试路段总里程数×100%。

其中：空闲状态下采集到的采样点数按（E_c/I_o≥-12dB & RxPower≥-95dBm）纳入统计。

（2）说明

① 采样点总数为主、被叫测试手机的采样点样本数之和。

② 适用于高速公路。

7．接通率

（1）定义

接通率=被叫接通总次数/主叫试呼总次数×100%

（2）说明

① 主叫试呼次数：由主叫业务试呼消息（Origination Message）表示进行了试呼，若某次呼叫没有该消息，取主叫出现第一条探针接入（Access Probe）信息。一次呼叫的多条 Origination Message 仅计为一次。

② 被叫接通次数：参见掉话率中的接通次数。

③ 适用于城区、农村。

8．平均呼叫建立时延

（1）定义

平均呼叫建立时延=呼叫建立时延总和/接通总次数。

（2）说明

① 呼叫建立时延：主叫手机发出第一条 Origination Message 到被叫手机接收到 Alert With Information Message 的时间差。

② 取所有测试样本中除了呼叫失败情况以外的平均时长。

③ 适用于城区、农村。

3.2 知识准备

3.2.1 功率控制技术

1. 功率控制的目的

CDMA 的功率控制包括前向功率控制和反向功率控制。如果小区中的所有用户均以相同功率发射，则靠近基站的移动台到达基站的信号强，远离基站的移动台到达基站的信号弱，导致强信号掩盖弱信号，这就是移动通信中的"远近效应"，如图 3-1 所示。

一个移动台就能够阻塞整个小区

离基站远的移动台信号被离基站近的移动台信号"淹没"，无法通信

图 3-1　移动通信中的远近效应

因为 CDMA 是一个自干扰系统，所有用户共同使用同一频率，所以"远近效应"问题更加突出。CDMA 系统中某个用户信号的功率（包括前反向）较强，对该用户被正确接收是有利的，但却会增加对共享频带内其他用户的干扰，甚至淹没其他用户的信号，导致其他用户通信质量劣化，系统容量下降。为了克服远近效应，必须根据通信距离的不同，实时调整发射机所需的功率，这就是"功率控制"。

2. 功率控制的原则

1）控制基站和移动台的发射功率，保证信号经过复杂多变的无线空间传送到对方接收机时，能满足正确解调所需的解调门限。

2）在满足上一条的原则下，尽可能降低基站和移动台的发射功率，以降低用户之间的干扰，使网络性能达到最优。

3）距离基站近的移动台比距离基站远或处于衰落区的移动台发射功率要小。

3. 前向功控

（1）前向功控原理

CDMA 的前向信道功率要分配给前向导频信道、同步信道、寻呼信道和各个业务信道。基站需要调整分配给每一个信道的功率，使处于不同传播环境下的各个移动台都得到足够的信号能量。前向功率控制的目的就是实现合理分配前向业务信道功率，在保证通信质量的前提下，使其对相邻基站/扇区产生的干扰最小，也就是使前向信道的发射功率在满足移动台解调最小需求信噪比的情况下尽可能小。前向功控的原理如图 3-2 所示。

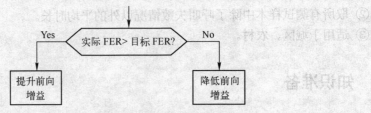

图 3-2　前向功控的原理

移动台通过功率检测报告消息（Power Measurement Report Message，PMRM）上报当前信道的质量状况，即检测周期内的坏帧数和总帧数。BSC 据此计算出当前的误帧率（FER），并与目标 FER 相比，以此来控制基站进行前向功率调整。

（2）1x 中的前向快速功控

CDMA 系统的实际应用表明，系统容量并不仅仅取决于反向容量，往往还受限于前向链路容量。这就对前向链路的功率控制提出了更高的要求。

前向快速功率控制就是实现合理分配前向业务信道功率，在保证通信质量的前提下，使其对相邻基站/扇区产生的干扰最小，也就是使前向信道的发射功率在满足移动台解调最小需求信噪比的情况下尽可能小。通过调整，既能维持基站与位于小区边缘的移动台之间的通信，又能在通信传输特性较好时最大限度降低前向发射功率，减少对相邻小区的干扰，增加前向链路相对容量。

前向快速功率控制采用闭合环路的形式，分为内环和外环两部分。在外环使能的情况下，两种功率控制机制共同起作用，达到前向快速功率控制的目标。前向快速功率控制的对象虽然是基站，但进行功率控制的外环参数和功率控制比特都是由移动台通过检测前向链路信号质量所得出的，并使用反向导频信道上的功率控制子信道传送给基站。1x 中的前向快速功控原理如图 3-3 所示。

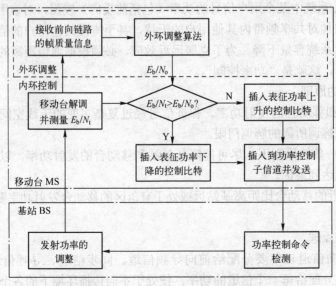

图 3-3　1x 中的前向快速功控原理

4．反向功控

在 CDMA 系统的反向链路中引入了功率控制，通过调整用户发射机功率，使各用户不论在基站覆盖区的什么位置，信号到达基站接收机时都具有相同的功率。在实际系统中，由于用户的移动性，信号传播环境随时会改变，致使到达基站时的传播路径、信号强度、时延和相移每时每刻都在随机变化，接收信号的功率在期望值附近起伏。

反向功率控制包括开环功率控制和闭环功率控制，其中闭环功率控制又分为内环功控和外环功控。在实际系统中，反向功率控制是由开环、内环和外环 3 种功率控制共同完成的，即首先对移动台发射功率作开环估计，然后由内环功率控制和外环功率控制对开环估计作进一步修正，力图做到精确的功率控制。

（1）反向开环功控

CDMA 系统中的每个移动台都在一直计算从基站到其自身的路径损耗，当移动台接收到从基站来的信号很强时，表明要么离基站很近，要么有一个特别好的传播路径，这时移动台可降低它的发送功率，而基站依然可以正常接收；相反，当移动台接收到的信号很弱时，它就增加发送功率，以抵消衰耗，这就是开环功率控制。开环功率控制简单、直接，不需要在移动台和基站间交换控制信息，控制速度快且开销小。反向开环功控原理如图 3-4 所示。

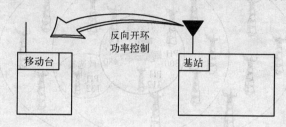

图 3-4　反向开环功控原理

（2）反向闭环功控

反向闭环功控分为内环和外环两部分。内环指基站接收移动台的信号后，将其强度与一门限（下面称为"闭环门限"）相比，如果高于该门限，向移动台发送"降低发射功率"的功率控制指令；否则发送"增加发射功率"的指令。外环的作用是对内环门限进行调整，这种调整是根据基站所接收到的反向业务信道误帧率（Reverse Frame Error Rate，RFER）的变化进行的。通常 RFER 都有一定的目标值，当实际接收的 RFER 高于目标值时，基站就需要提高内环门限，以增加移动台的反向发射功率；反之，当实际接收的 RFER 低于目标值时，基站就适当降低内环门限，以降低移动台的反向发射功率。最后，在基站和移动台的共同作用下，使基站能够在保证一定接收质量的前提下，让移动台以尽可能低的功率发射信号，以减小对其他用户的干扰，提高系统容量。反向闭环功控原理如图 3-5 所示。

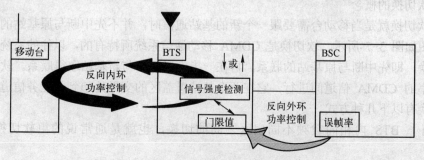

图 3-5　反向闭环功控原理

3.2.2 软切换技术

1. 导频集

导频集是指具有相同频率但有不同 PN 序列偏置的导频信号的集合。移动台搜索导频信号以探测现有的 CDMA 信道，并测量它们的强度。当移动台探测到一个导频信号具有足够的强度，且不与任何分配给它的前向业务信道相联系时，就发送一条导频信号强度测量消息（Pilot Strength Measurement Message，PSMM）至基站，基站分配一条前向业务信道给移动台，并指示移动台开始切换。相对于移动台来说，在某一载频下，所有不同偏置的导频信号被划分到有效、候选、相邻和剩余 4 个导频信号集合中，软切换的导频集如图 3-6 所示。

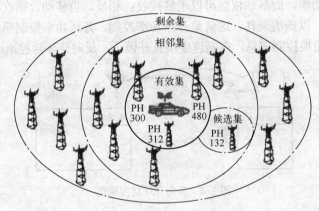

图 3-6　软切换的导频集

1）有效导频集：所有与移动台的前向业务信道相联系的导频信号。

2）候选导频集：当前不在有效导频信号集里，但是已经具有足够的强度，能被成功解调的导频信号。

3）相邻导频集：由于强度不够，当前不在有效导频信号集或候选导频信号集内，但是可能会成为有效集或候选集的导频信号。

4）剩余导频集：在当前 CDMA 载频上，除去有效集、候选集和相邻集以外所有可找到的导频信号（导频偏移增量 PILOT_IMC 的整数倍）。

2. 软切换

（1）软切换的概念

所谓软切换就是当移动台需要跟一个新的基站通信时，并不先中断与原基站的联系，软切换示意图如图 3-7 所示。软切换是 CDMA 移动通信系统所特有的，以往的系统所进行的都是硬切换，即先中断与原基站的联系，再在一指定时间内与新基站取得联系。软切换只能在相同频率的 CDMA 信道间进行，它在两个基站覆盖区的交界处起到了业务信道的分集作用。软切换有以下几种方式。

① 同一 BTS 内相同载频不同扇区之间的切换，也就是通常说的更软切换（Softer Handoff）。

② 同一 BSC 内不同 BTS 之间相同载频的切换。

③ 同一 MSC 内不同 BSC 之间相同载频的切换。

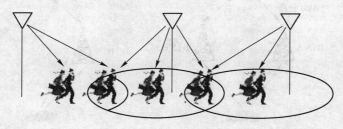

图 3-7　软切换示意图

（2）软切换的优点

FDMA、TDMA 系统中广泛采用硬切换技术，当硬切换发生时，因为原基站与新基的载波频率不同，移动台必须在接收新基站的信号之前，中断与原基站的通信，但往往由于在与原基站链路切断后，移动台不能立即得到与新基站之间的链路，造成中断通信。另外，当硬切换区域面积狭窄时，会出现新基站与原基站之间来回切换的"乒乓效应"，影响业务信道的传输。在 CDMA 系统中提出了软切换技术，与硬切换技术相比，具有以下更好的优点。

① 软切换发生时，移动台只有在取得了与新基站的链接之后，才会中断与原基站的联系，通信中断的概率大大降低。

② 软切换进行过程中，移动台和基站均采用了分集接收技术，有抵抗衰落的能力，不用过多增加移动台的发射功率；同时，基站宏分集接收保证在参与软切换的基站中，只要有一个基站能正确接收移动台的信号就可以进行正常通信。反向功率控制可使移动台的发射功率降至最小，这进一步降低了移动台对其他用户的干扰，增加了系统反向容量。

③ 进入软切换区域的移动台即使不能立即得到与新基站通信的链路，也可以进入切换等待队列中，从而减少了系统的阻塞率。

（3）更软切换

更软切换是指发生在同一基站下不同扇区之间的切换，更软切换示意图如图 3-8 所示。在基站收发机（BTS）侧，不同扇区天线的接收信号对基站来说就相当于不同的多径分量，由 RAKE 接收机进行合并后送至 BSC，作为此基站的话音帧。而软切换是由 BSC 完成的，将来自不同基站的信号都送至选择器，由选择器选择最好的一路，再进行话音编解码。

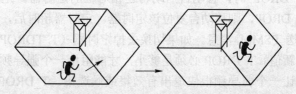

图 3-8　更软切换示意图

软切换由 BSC 帧处理板进行选择合并，更软切换不同分支信号在 BTS 中分集合并，软切换与更软切换的区别如图 3-9 所示。

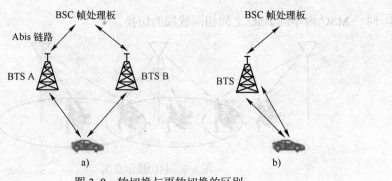

图 3-9 软切换与更软切换的区别

a) 软切换 b) 更软切换

3. 硬切换

当移动台从一个基站的覆盖范围移动到另外一个基站的覆盖范围时，通过切换来保持与基站的通信。硬切换是在呼叫过程中，移动台先中断与原基站的通信，再与目标基站取得联系，发生在分配不同频率或者不同帧偏置的 CDMA 信道之间。在呼叫过程中，根据候选导频强度测量报告和门限值的设置，基站可能指示移动台进行硬切换。硬切换可以发生在相邻的基站集之间，不同的频率配置之间，或是不同的帧偏置之间。可以在同一个小区的不同载波之间，也可以在不同小区的不同载波之间。在 CDMA 中，有以下几种发生硬切换的情况。

① 不同频率间的硬切换。

② 同一设备商、同一频率间的硬切换。

③ 不同设备商间的硬切换。

④ 不同的设备商，同一个频率上同一系统中的硬切换。

4. 软切换参数

（1）导频信号加入门限（T_ADD）

如果移动台检查到相邻导频集或剩余导频集中某一个导频信号的强度达到了 T_ADD，就会将其加到候选导频集中，并向基站发送导频强度测量消息（PSMM）。T_ADD 必须足够小，才能保证很快加入一个有用的导频；但又必须足够大，才能防止无用干扰导频的加入。T_ADD 取值范围为 -31.5～0dB，默认值为 -13dB。

（2）导频信号去掉门限（T_DROP）

移动台为在有效导频集和候选导频集里的每个导频信号保留了一个切换去掉定时器。当导频信号强度小于 T_DROP 时，移动台启动与之相对应的定时器。定时器超时前，若导频信号强度回升超过 T_DROP，则移动台复位该定时器。定时器超时后，移动台也会复位该定时器，同时向基站发送 PSMM 消息。如果切换去掉定时器（T_TDROP）发生改变，移动台必须在 100ms 内使用新值。T_DROP 必须足够小，才能阻止一个强导频过早退出有效集；但又必须足够大，才能让一个弱导频很快退出有效集或候选集。T_DROP 取值范围为 -31.5～0dB，默认值为 -15dB。

（3）切换去掉定时器（T_TDROP）

若该定时器超时且其所对应的导频信号在有效导频集中，则移动台向基站发送导频信号强度测量消息。如果这一导频信号在候选导频集中，它将被移至相邻导频集。T_TDROP 必须大于建立一次切换的时间，以防止乒乓切换；但又必须足够小，才能让无用的弱导频很快切换出有效集或候选集。T_TDROP 取值范围为 0～15s，默认值为 3s。

（4）有效导频集与候选导频集比较门限（T_COMP）

T_COMP 用来决定一个导频信号是否从候选导频集进入有效导频集。如果候选集中导频信号的强度比有效集中最弱导频信号的强度还大 T_COMP，则移动台就会发送一个导频信号强度测量报告消息给基站，要求进行切换。T_COMP 取值范围为 0～7.5dB，默认值为 2.5dB。

（5）1X 系统与切换有关的参数还包括软切换斜率、切换加截距和切换去截距。

5. 导频搜索

（1）导频搜索窗口

当一个导频信号达到移动台时，由于经过空中传播产生了延迟，可能无法被移动台识别。因此，必须使用一个合理的延迟窗口来帮助移动台识别这个导频，这个延迟窗口称为搜索窗口。搜索窗口确保了移动台能搜索到导频集中 PN 偏移的多径信号，其宽度不能设置过大或过小。搜索窗口设置过大，将会加长移动台搜索导频的时间；搜索窗口设置过小，移动台将无法搜索到时延过长的有用导频信号。

① 有效导频集和候选导频集搜索窗口（SRCH_WIN_A）。SRCH_WIN_A 用于移动台搜索有效集和候选集中导频多径信号，以有效集中最早到来的可用导频信号的 PN 偏置作为窗口中心。SRCH_WIN_A 必须足够大，才能保证移动台识别出达到的导频多径分量，默认取值为 6（28chips）。

② 相邻导频集搜索窗口（SRCH_WIN_N）。SRCH_WIN_N 用于移动台搜索相邻集中导频多径信号，以有效集中导频信号的 PN 偏置作为窗口中心。SRCH_WIN_N 必须足够大，才能保证移动台搜索到相邻集中较强的导频多径分量。但也不能设置过大，否则会降低移动台搜索的速度并增加切换失败的风险。默认取值为 8（60chips）。

③ 剩余导频集搜索窗口（SRCH_WIN_R）。SRCH_WIN_R 用于移动台搜索剩余集中导频多径信号，以有效集中导频信号的 PN 偏置作为窗口中心。剩余集内的导频在手机搜索过程中的优先级是非常低的，因此在搜索过程中，剩余集的导频经常不会被搜索到。默认取值为 9（80chips）。

（2）导频搜索过程

针对各种不同导频集，手机采用了不同的搜索策略。对于激活集与候选集，采用的搜索频度很高，相邻集搜索频度次之，对剩余集搜索最慢。在完成激活集和候选集中全部导频的搜索后，才搜索相邻集中的一个导频信号。然后，再一次进行激活集和候选集中所有导频的搜索，并在这之后搜索相邻集中的另一个导频信号。在完成对相邻集中所有导频信号搜索后，才搜索剩余集中的一个导频信号。如此周而复始，完成对所有导频集中信号的搜索。搜索窗宽度越大，导频集中的导频数量就越多，遍历导频集中所有导频信号的时间也就越长。

6. 软切换过程

（1）IS-95 的软切换过程

当移动台从一个基站的覆盖范围逐渐向另外一个基站的覆盖范围移动时，通过一定的条件完成导频切换，IS-95 系统的软切换过程如图 3-10 所示。

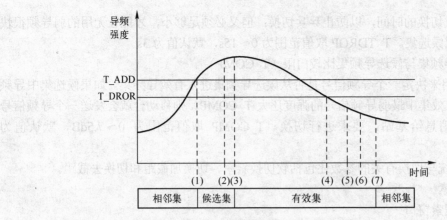

图 3-10 IS-95 系统的软切换过程

① 移动台检测到某个导频的强度超过 T_ADD，向基站发送导频强度测量消息（PSMM），并将该导频移到候选集中。

② 基站向移动台发送切换指示消息（Handoff Direction Message，HDM）。

③ 移动台将该导频转移到有效导频集中，并向基站发送切换完成消息（Handoff Completion Message，HCM）。

④ 有效集中的某个导频的强度低于 T_DROP，移动台启动切换去掉定时器（T_TDROP）。

⑤ 切换去掉定时器超时，导频强度仍然低于 T_DROP，移动台向基站发送 PSMM。

⑥ 基站向移动台发送切换指示消息（HDM）。

⑦ 移动台将该导频从有效导频集移到相邻集中，并向基站发送切换完成消息（HCM）。

（2）CDMA 2000 的软切换过程

CDMA 2000 软切换在 IS-95 静态切换门限的基础上加入了动态切换门限，尽量在维持正常 E_c/I_o 的情况下，使切换加更困难，切换去更容易，从而降低软切换比率，避免乒乓切换，节约系统资源。CDMA 2000 的软切换流程如图 3-11 所示。

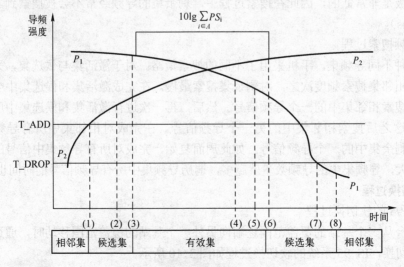

图 3-11 CDMA 2000 的软切换过程

① 导频 P_2 强度超过 T_ADD，移动台把导频移入候选集。

② 导频 P_2 强度超过(SOFT_SLOPE/8)×10×lg(PS_1)+ADD_INTERCEPT/2，移动台向基站发送 PSMM。

③ 移动台收到切换指示消息（EHDM 或 GHDM），把导频 P_2 加入到有效集，并向基站发送 HCM。

④ 导频 P_1 强度降低到低于(SOFT_SLOPE/8)×10×lg(PS_2)+DROP_INTERCEPT/2，移动台启动切换去掉定时器（T_TDROP）。

⑤ 切换去掉定时器超时，移动台向基站发送 PSMM。

⑥ 移动台收到切换指示消息（HDM），把导频 P_1 送入候选集，并向基站发送 HCM。

⑦ 导频 P_1 强度降低到低于 T_DROP，移动台启动切换去掉定时器（T_TDROP）。

⑧ 切换去掉定时器超时，移动台把导频 P_1 从候选集移入相邻集。

以上动态切换门限中的 SOFT_SLOPE 表示软切换斜率、ADD_INTERCEPT 表示切换加截距、DROP_INTERCEPT 表示切换去截距。

3.2.3 分集接收技术

1. 移动信道的衰落特征

移动信道采用无线方式，接收机收到的信号是直达波和多个反射、折射的合成。反射和折射信号相对于直达信号产生的延迟随着环境的变化而改变，各路信号在接收端有时同相相加，有时反相抵消，造成接收信号幅度起伏变化，这就称为"衰落"。衰落现象是移动通信所特有的，包括"长期慢衰落"和"短期快衰落"，移动信道的衰落特征如图 3-12 所示。

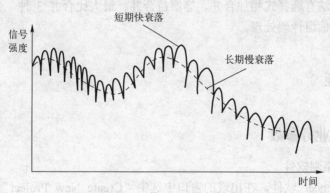

图 3-12　移动信道的衰落特征

为抑制衰落现象，CDMA 移动通信系统使用了分集接收技术。分集接收是指接收端按照某种方式接收携带同一信息且具有相互独立衰落特性的多个信号，并通过合并降低信号电平起伏，减小各种衰落对接收信号的影响。根据区分信号的方式，可将分集技术划分为时间分集、频率分集、空间分集和极化分集等多种类型。

2. RAKE 接收机工作原理

RAKE 接收机利用了空间分集技术，RAKE 接收机工作原理如图 3-13 所示。发射机发出的扩频信号，在传输过程中受到建筑物、山岗等各种障碍物的反射和折射，到达接收机时每个波束产生了不同的延迟，形成了多径信号。如果不同路径信号的延迟时间超过了一个伪随机码码片长度，则在接收端可将不同的波束区别开来。将各路波束分别经过不同的延迟线，对齐后合并，则可把由反射和折射产生的干扰信号变成有用信号，实现了变害为利。

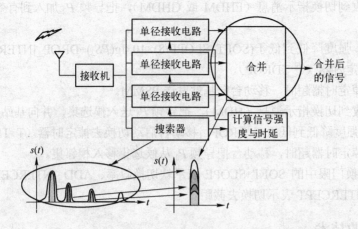

图 3-13　RAKE 接收机工作原理

　　RAKE 接收机由搜索器（Searcher）、解调器（Finger）和合并器（Combiner）3 个模块组成。搜索器完成路径搜索，主要原理是利用码的自相关及互相关特性。解调器完成信号的解扩、解调。解调器的个数决定了解调的路径数，通常 CDMA 基站系统中一个 RAKE 接收机由 4 个解调器组成，移动台由 3 个解调器组成。合并器完成多个解调器输出信号的合并处理，通用的合并算法有选择式相加合并、等增益合并、最大比合并 3 种。合并后的信号输出到译码单元，进行信道译码处理。

3.3　任务实施

3.3.1　观察话音业务参数

1．启动前台路测软件
　　启动 Pilot Pioneer 软件，在出现的窗口中选中"Create New Project"并单击"OK"按钮。在弹出的"Configure Project"窗口中单击"OK"按钮进入 Pilot Pioneer 工作界面。
2．导入测试数据
　　1）用鼠标双击导航栏"工程"→"Log Files"，打开"Internal Data Import"窗口，单击"Import Datas"按钮并在展开的菜单中选择"From Original File"，选择数据文件类型如图 3-14 所示。
　　2）弹出"打开"窗口，通过存储路径找到并选择要导入的数据文件"outdoor.rcu"，选择测试数据文件如图 3-15 所示。单击"打开"按钮将其加入到"Internal Data Import"窗口中。可重复 1、2 两步，加入多个数据文件。

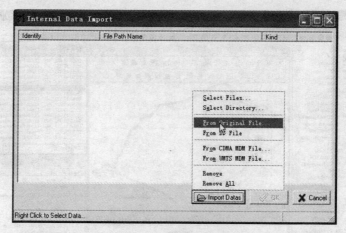

图 3-14 选择数据文件类型

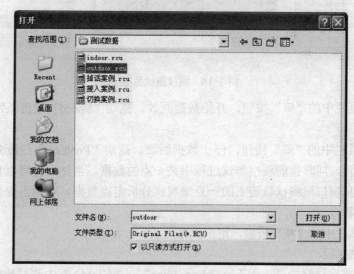

图 3-15 选择测试数据文件

3）单击"Internal Data Import"窗口中的"OK"按钮，将数据文件加载到当前工程中。此时导航栏"工程"→"Log Files"→"CDMA"前会出现"+"，单击"+"可以看到工程中已存在测试数据"outdoor-1"。

3．解码测试数据

为节省存储空间，测试数据经过压缩编码后才保存。Pilot Pioneer 软件在第一次使用测试数据时会自动进行解码。单击导航栏中测试数据"outdoor-1"前面的"+"，展开测试数据内容，用鼠标双击并打开任一窗口（如"Map"窗口），系统将完成数据解码。

4．回放测试数据

1）单击工具栏中的" 🖿 "按钮，在展开的菜单中选择要回放的数据"outdoor-1"，进入回放状态。

2）用鼠标双击或将导航栏"工程"→"Log Files"→"CDMA"中测试数据"outdoor-1"下面的"Map""Information""Graph""Message"或"Events List"拖入工作区，打开相应窗口显示测试数据，回放测试数据如图 3-16 所示。

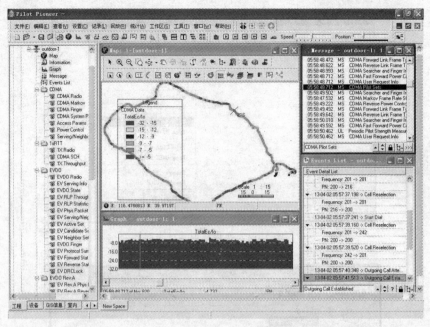

图 3-16　回放测试数据

3）单击工具栏中的"▣"按钮，开始数据回放。拖动"Speed"进度条滑块可改变回放的速度。

4）单击工具栏中的"▣"按钮，停止数据回放。拖动"Position"进度条滑块可确定下次回放的起始位置，同时也能观察测试过程中某一点的数据。当然，也可以直接用鼠标单击工作区中某一信息窗口里测试轨迹上的一点来观察分析定点数据，观测点变化后各信息窗口中的数据同步刷新。

5）单击工具栏中的"▣"按钮，退出数据回放。

5. 查看测试路径

用鼠标双击或将导航栏"工程"→"Log Files"→"CDMA"中测试数据"outdoor-1"下面的"Map"拖入工作区，打开"Map"窗口，如图 3-17 所示。

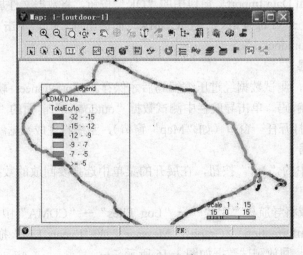

图 3-17　"Map"窗口

1）单击"Map"窗口工具栏中的"✍"按钮，可移动图例的位置。

2）单击"Map"窗口工具栏中的"☰"按钮，可显示或隐藏图例。

3）单击"Map"窗口工具栏中的"➤"按钮，打开"GIS Layer Organizer Window"窗口，如图3-18所示。

单击某一区间前面的"彩色矩形图案"，打开针对这一区间的颜色设定窗口，设定区间的显示颜色如图3-19所示。选择显示该区间时使用的颜色，单击"OK"按钮完成设置。图中以区间（-9～-7）为例，将其设置为红色。

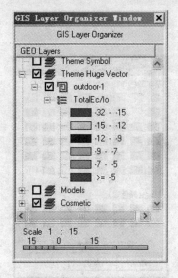

图3-18 "GIS Layer Organizer Window"窗口

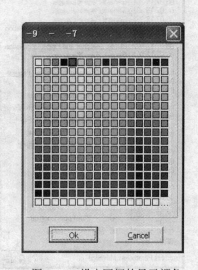

图3-19 设定区间的显示颜色

6．查看测试中的信令

用鼠标双击或将导航栏"工程"→"Log Files"→"CDMA"中测试数据"outdoor-1"下面的"Message"拖入工作区，打开"Message"窗口，如图3-20所示。

图3-20 "Message"窗口

1）选择某一信令后，可使用"Message"窗口下方工具栏中的"⬍"按钮上下快速定位到相同的信令上，也可单击工具栏中的"➤"按钮并在弹出的菜单中选择信令或直接在文本框中输入信令名称，实现快速定位。

2）单击"Message"窗口下方工具栏中的" 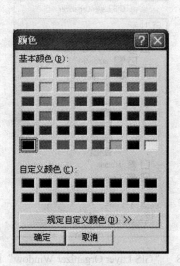 "按钮，弹出"信令选择菜单"，可选中要在"Message"窗口显示的信令，选择要显示的信令如图3-21所示。

3）用鼠标右键单击"信令选择菜单"中的某条信令，在弹出的菜单中选择"Color"，打开"颜色"窗口，设定信令的显示颜色如图 3-22 所示。选择显示该信令时使用的颜色，单击"确定"按钮完成设置。

图3-21 选择要显示的信令

图3-22 设定信令的显示颜色

4）用鼠标双击"Message 窗口"中的某条信令，可打开"MessageDecode"窗口查看信令的详细内容，如图3-23所示。

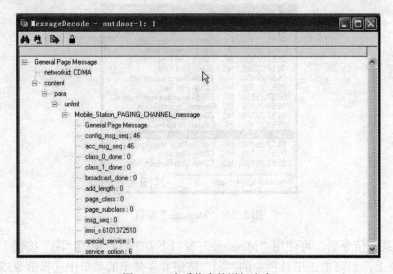

图3-23 查看信令的详细内容

5）用鼠标右键单击"Message"窗口内任一区域，在弹出的菜单中选择"Display Log Data"，打开"Select LogData"窗口，可切换观测工程中存储的其他数据文件，如图 3-24 所示。

7．查看测试中的事件

用鼠标双击或将导航栏"工程"→"Log Files"→"CDMA"中测试数据"outdoor-1"下面的"Events List"拖入工作区，打开"Events List"窗口，如图 3-25 所示。

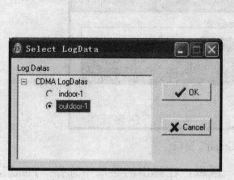

图 3-24　切换数据文件

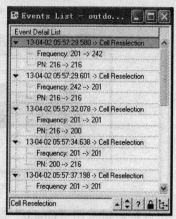

图 3-25　"Events List"窗口

1）选择某一事件后，可使用"Events List"窗口下方工具栏中的""按钮上下快速定位到相同的事件上，也可单击工具栏中的""按钮并在弹出的菜单中选择事件或直接在文本框中输入事件名称，实现快速定位。

2）单击"Events List"窗口下方工具栏中的""按钮，弹出"事件选择菜单"，可选中要在"Events List"窗口显示的事件，选择要观测的事件如图 3-26 所示。

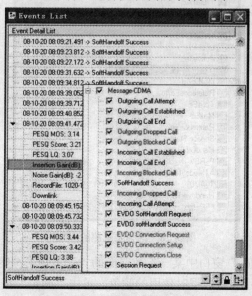

图 3-26　选择要观测的事件

3）用鼠标右键单击"事件选择菜单"中的某个事件，在弹出的菜单中选择

"Color"，打开颜色窗口，如图 3-22 所示。选择显示该事件时使用的颜色，单击"确定"按钮完成设置。

4）用鼠标右键单击"Events List"窗口内任一区域，在弹出的菜单中选择"Display Log Data"，打开"Select LogData"窗口，可切换观测工程中存放的其他数据文件，如图 3-24 所示。

8．查看测试中参数的变化

用鼠标双击或将导航栏"工程"→"Log Files"→"CDMA"中测试数据"outdoor-1"下面的"Graph"拖入工作区，打开"Graph"窗口，如图 3-27 所示。

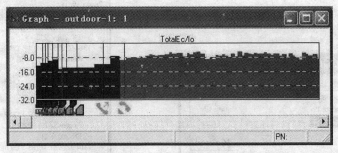

图 3-27　"Graph"窗口

1）用鼠标右键单击"Graph"窗口内任一区域，在弹出的菜单中选择"Field"，打开"Select Fields"窗口，选择要观测的参数如图 3-28 所示。选择要观测的参数，单击"OK"按钮确认。按住键盘上〈Ctrl〉键的同时单击鼠标可实现多选。

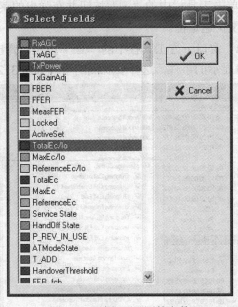

图 3-28　选择要观测的参数

2）单击"Select Fields"窗口中某一参数前面的"彩色矩形图案"，打开"颜色"窗口，如图 3-22 所示。选择显示该参数据时使用的颜色，单击"确定"按钮完成设置。

3）用鼠标右键单击"Graph"窗口内任一区域，在弹出的菜单中选择"Display Log Data"，打开"Select LogData"窗口，可切换观测工程中存储的其他数据文件，如图 3-24 所示。

9. 查看测试中参数的信息

用鼠标双击或将导航栏"工程"→"Log Files"→"CDMA"中测试数据"outdoor-1"下面的"Imformation"拖入工作区，打开"Imformation"窗口，如图 3-29 所示。"Imformation"窗口分为上下两个部分，分别以图形形式和数据形式显示参数。上下两个部分可以分开独立设置，设置方法与"Graph"窗口相同。

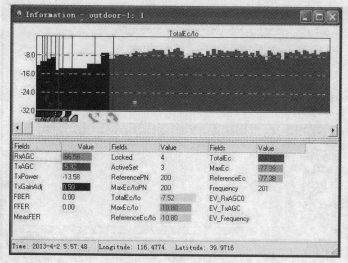

图 3-29 "Imformation"窗口

3.3.2 分析话音业务指标

1. 启动后台分析软件

启动 Pilot Navigator 软件，进入 Pilot Navigator 的工作界面，如图 3-30 所示。Pilot Navigator 工作界面左侧为导航栏，右侧为工作区。

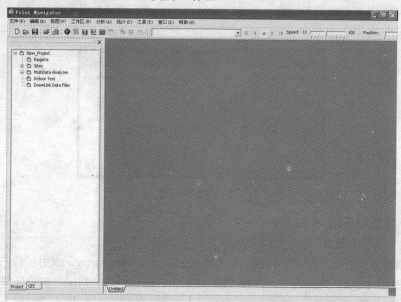

图 3-30 Pilot Navigator 的工作界面

2．导入测试数据

选择主菜单"编辑"→"打开数据文件"，打开"Open Data files"窗口，导入测试数据如图 3-31 所示。通过存储路径找到并选择要导入的数据文件"outdoor.rcu"，单击"打开"按钮完成导入。数据导入成功后，导航栏"Project"→"New_Project"→"DownLink Data Files"下面会增加项目"outdoor"→"CDMA2"。

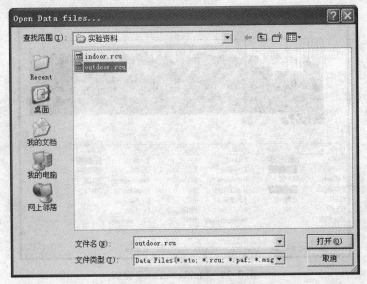

图 3-31　导入测试数据

3．解码测试数据

用鼠标右键单击导航栏"Project"→"New_Project"→"DownLink Data Files"→"outdoor"→"CDMA2"，在弹出的菜单中选择"测试 Log"，完成数据解码。解码成功后，导航栏"Project"→"New_Project"→"DownLink Data Files"→"outdoor"→"CDMA2"前面会出现"+"。系统同时打开"Test Log"窗口，用于显示测试数据的具体内容，解码测试数据如图 3-32 所示。

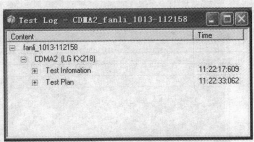

图 3-32　解码测试数据

4．导入地图和基站

（1）导入电子地图

① 用鼠标双击导航栏中的"GIS"→"Geoset"→"Geo Maps"或用鼠标右键单击后在弹出的快捷菜单中选择"Import"，打开"Choose Support Graph Type"窗口，选择地图类型如图 3-33 所示。

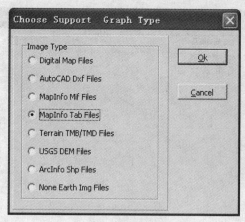

图 3-33 选择地图类型

② 选择"MapInfo Tab Files",单击"OK"按钮打开"MapInfo Tab Files"窗口,选择地图文件如图 3-34 所示。通过存储路径找到并选择要导入的地图文件,单击"打开"按钮完成导入。按住键盘上〈Ctrl〉键的同时单击鼠标可实现多选。成功导入地图后,导航栏"GIS"→"Geoset"→"Geo Maps"下面"text"和"vector"前会出现"+",单击"+"可以展开查看具体内容。

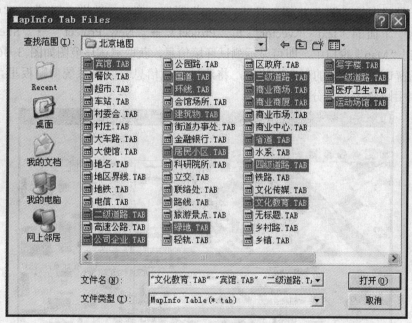

图 3-34 选择地图文件

(2) 导入基站信息

用鼠标右键单击导航栏"Project"→"New_Project"→"Sites",在弹出的快捷菜单中选择"导入基站",打开"Open Data files"窗口,选择基站文件如图 3-35 所示。通过存储路径找到并选择要导入的基站文件,单击"打开"按钮完成导入。成功导入基站后,导航栏"Project"→"New_Project"→"Sites"→"CDMA"前会出现"+",单击"+"可以展开查看具体内容。

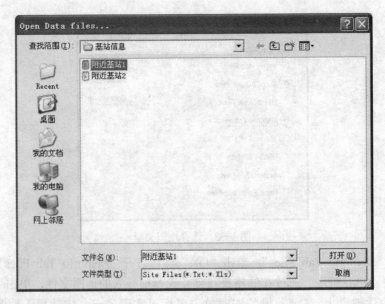

图 3-35　选择基站文件

5. 获取测试环境图

单击工具栏中的"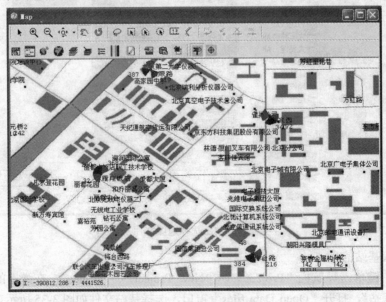"按钮,打开"Map"窗口。拖动导航栏"GIS"→"Geoset"→
"Geo Maps"下面的"text""vector"和"Project"→"New_Project"→"Sites"下面的
"CDMA"到"Map"窗口中,即可显示测试环境信息,获取测试环境图如图 3-36 所示。单
击"Map"窗口工具栏中的"🖺"按钮,将测试环境信息复制到系统剪贴板里,可粘贴到
Word 软件中用于编写测试分析报告。

图 3-36　获取测试环境图

特别说明: 网优测试需要 GPS 与电子地图配合定位,此图为北京旧版部分地理信息,
内容未经核实且清晰度较低,仅作为路测软件操作演示参考图片使用,无地图功能。

6. 获取参数路径图（以参数 E_c/I_o 为例）

1）用鼠标右键单击导航栏"Project"→"New_Project"→"DownLink Data Files"→"outdoor"→"CDMA2"→"parameters"→"CDMA"→"Total E_c/I_o"，在弹出的菜单中选择"地图窗口"，打开"Map"窗口。拖动导航栏"GIS"→"Geoset"→"Geo Maps"下面的"text""vector"和"Project"→"New_Project"→"Sites"下面的"CDMA"到 Map 窗口中，可显示 E_c/I_o 随测试路径的变化情况，参数路径如图 3-37 所示。

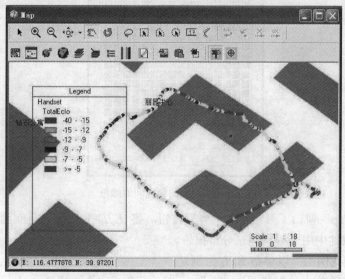

图 3-37　参数路径图

2）单击"Map"窗口工具栏中的"**⬚**"按钮，打开"Legend Window"窗口，如图 3-38 所示。

用鼠标双击"Legend Window"窗口中的"TotalEcIo"，打开"Theme fields display"窗口，修改图例中的区间如图 3-39 所示。单击"+"按钮可增加图例中的区间；单击"-"按钮可删除图例中的区间；单击"Value"列中的单元格可修改图例区间的范围。

图 3-38　"Legend Window"窗口

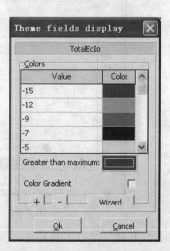

图 3-39　修改图例中的区间

单击"Theme fields display"窗口"Color"列中的单元格可打开"Set Maximum Color"窗口，设置图例区间的颜色如图 3-40 所示。选择显示区间时使用的颜色，单击"OK"按钮完成设置。

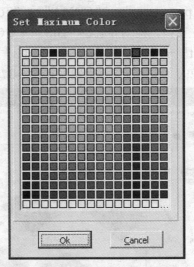

图 3-40　设置图例区间的颜色

3）单击"Map"窗口工具栏中的"🖼"按钮，将 E_c/I_o 变化信息复制到系统剪贴板里，可粘贴到 Word 软件中用于编写测试分析报告。

7. 获取参数比例图（以参数 E_c/I_o 为例）

1）用鼠标右键单击导航栏"Project"→"New_Project"→"DownLink Data Files"→"outdoor"→"CDMA2"→"parameters"→"CDMA"→"Total E_c/I_o"，在弹出的菜单中选择"图表窗口"，打开"Chart"窗口，可显示 E_c/I_o 在各个区间内的采样点数占总采样点数的比例，柱状形式的参数统计图如图 3-41 所示。

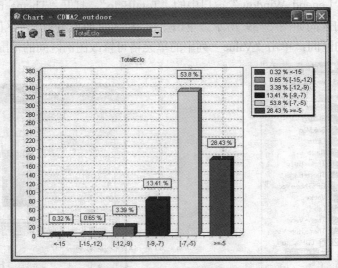

图 3-41　柱状形式的参数统计图

2）单击"Chart"窗口工具栏中的"📊"按钮，以柱状图形式显示数据，如图 3-41 所示。单击"Chart"窗口工具栏中的"🥧"按钮，以饼状图形式显示数据，饼状形式的参数统计图如图 3-42 所示。

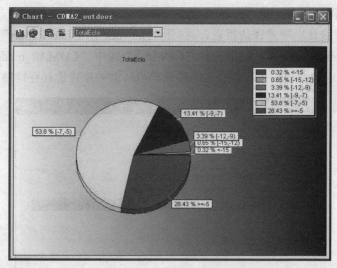

图 3-42 饼状形式的参数统计图

3）单击"Chart"窗口工具栏中的"📋"按钮，将 E_c/I_o 统计信息复制到系统剪贴板里，可粘贴到 Word 软件中用于编写测试分析报告。

8. 获取测试起止时间

1）用鼠标右键单击导航栏"Project"→"New_Project"→"DownLink Data Files"→"outdoor"→"CDMA2"→"parameters"→"CDMA→Total E_c/I_o"，在弹出的菜单中选择"表窗口"，打开 Table 窗口，可显示测试过程中每一采样点的时间及 E_c/I_o 的大小，参数路径图如图 3-43 所示。

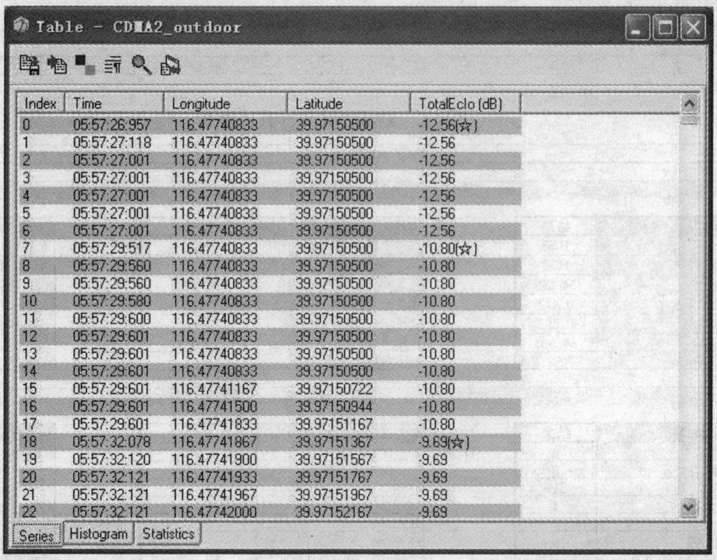

Index	Time	Longitude	Latitude	TotalEclo (dB)
0	05:57:26:957	116.47740833	39.97150500	-12.56(☆)
1	05:57:27:118	116.47740833	39.97150500	-12.56
2	05:57:27:001	116.47740833	39.97150500	-12.56
3	05:57:27:001	116.47740833	39.97150500	-12.56
4	05:57:27:001	116.47740833	39.97150500	-12.56
5	05:57:27:001	116.47740833	39.97150500	-12.56
6	05:57:27:001	116.47740833	39.97150500	-12.56
7	05:57:29:517	116.47740833	39.97150500	-10.80(☆)
8	05:57:29:560	116.47740833	39.97150500	-10.80
9	05:57:29:560	116.47740833	39.97150500	-10.80
10	05:57:29:580	116.47740833	39.97150500	-10.80
11	05:57:29:600	116.47740833	39.97150500	-10.80
12	05:57:29:601	116.47740833	39.97150500	-10.80
13	05:57:29:601	116.47740833	39.97150500	-10.80
14	05:57:29:601	116.47740833	39.97150500	-10.80
15	05:57:29:601	116.47741167	39.97150722	-10.80
16	05:57:29:601	116.47741500	39.97150944	-10.80
17	05:57:29:601	116.47741833	39.97151167	-10.80
18	05:57:32:078	116.47741867	39.97151367	-9.69(☆)
19	05:57:32:120	116.47741900	39.97151567	-9.69
20	05:57:32:121	116.47741933	39.97151767	-9.69
21	05:57:32:121	116.47741967	39.97151967	-9.69
22	05:57:32:121	116.47742000	39.97152167	-9.69

Series | Histogram | Statistics

图 3-43 参数路径图

2）用鼠标右键单击"Table"窗口内任一区域，在弹出的菜单中选择"Show computer time"，将显示的时间转为计算机时间，测试起止时间分别为第一个和最后一个采样点的时间，测试时长为两个时间点的差值。

9．获取网络评估报表

选择主菜单"统计"→"评估报表"，打开"Network Evaluate Report"窗口，如图 3-44 所示。在"Network"下拉列表框中选择"CDMA"，选中"CDMA2_outdoor"复选框，在"Save As"文本框中输入评估报表保存的路径或单击后面的按钮选择存储路径。

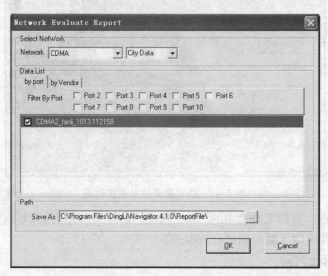

图 3-44 "Network Evaluate Report"窗口

单击"OK"按钮，系统根据测试数据和网络性能指标自动完成网络评估，并生成 Excel 格式的评估报表文件，网络评估报表如图 3-45 所示。

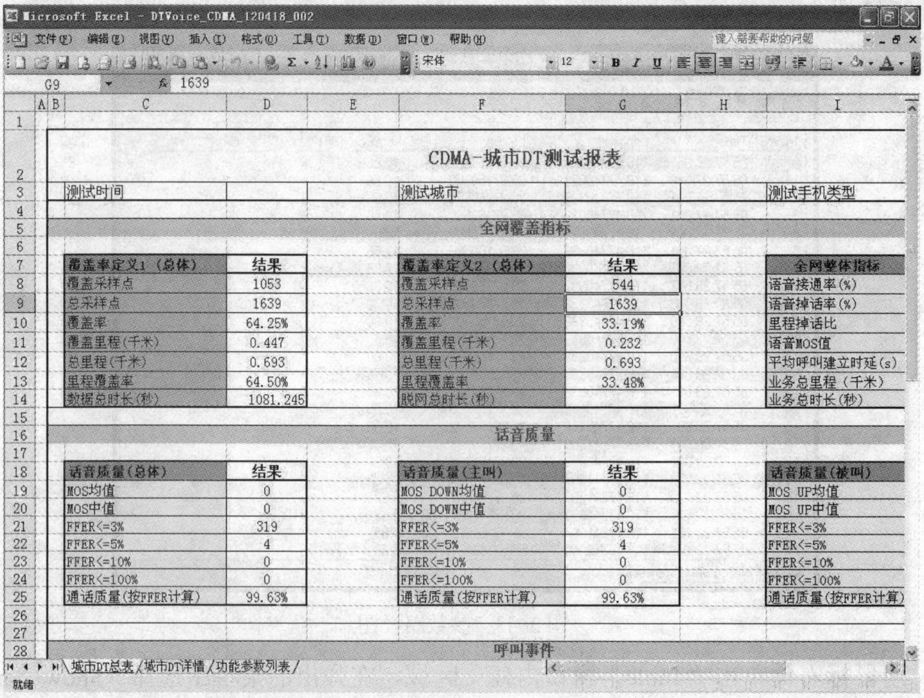

图 3-45 网络评估报表

3.4 验收评价

3.4.1 任务实施评价

"评估话音覆盖情况"任务评价表如表 3-4 所示。

表 3-4 "评估话音覆盖情况"任务评价表

任务 3 评估话音覆盖情况					
班级			小组		
评价要点	评价内容		分值	得分	备注
基础知识 （30 分）	明确工作任务和目标		5		
	话音业务测试参数		5		
	话音业务测试指标		5		
	功率控制技术		5		
	软切换技术		5		
	分集接收技术		5		
任务实施 （60 分）	观察话音业务参数		30		
	分析话音业务指标		30		
操作规范 （10 分）	按规范操作，防止损坏仪器仪表		5		
	保持环境卫生，注意用电安全		5		
合计			100		

3.4.2 思考与练习题

1. 什么是 E_c/I_o、TxPower、RxPower、TxGainAdj 和 FFER？
2. 简述 DT 覆盖率、CQT 覆盖率、掉话率、接通率和平均呼叫建立时延的定义。
3. 移动通信系统中功率控制的目的是什么？
4. 简述 CDMA 系统中前向功控和反向功控的种类。
5. 什么是导频集？它有哪些种类？
6. 什么是软切换？它有哪些优点？
7. 在什么情况下 CDMA 系统会发生硬切换？
8. 简述 IS-95 的软切换过程。
9. 简述 CDMA 2000 的软切换过程。
10. 什么是分集接收？它包括哪些种类？

任务 4 检测解析掉话故障

【学习目标】
◇ 了解 CDMA 系统的掉话机制。
◇ 掌握典型掉话分析鉴别模板。
◇ 使用分析软件查找掉话原因。
◇ 运用掉话模板分析掉话案例。

4.1 任务描述

掉话是用户通信发生中断的一种严重的网络故障现象，掉话率是评估 CDMA 系统性能的一项重要指标。通常，通过信令分析判断导致掉话的直接原因并不困难，但要确定造成掉话的深层原因还必须对测试数据进行仔细的分析。本任务使用后台分析软件对掉话数据进行分析，通过案例总结掉话产生的原因和优化方法，"检测解析掉话故障"任务说明如表 4-1 所示。

表 4-1 "检测解析掉话故障"任务说明

工作内容	观察掉话参数	分析掉话案例
业务类型	中国电信 CDMA 2000 话音业务	中国电信 CDMA 2000 话音业务
硬件设备	测试计算机	测试计算机
软件工具	Pilot Navigator	Pilot Navigator
备用资料	掉话测试数据文件	电子地图、基站信息、测试数据文件

4.2 知识准备

4.2.1 闭环链路的重要性

CDMA 系统要求通话时移动台和基站之间保持良好的闭环链路，闭环信号链路如图 4-1 所示。如果这个链路由于任何原因被中断了，移动台就失去了精确的功率控制。对于 CDMA 这种自干扰系统来说，功率控制是决定系统容量和性能的关键。若移动台失去了基站的控制，就会根据接收功率来调整自己的发射功率，这样可能会以自身最大的功率发射，对整个系统造成很大的干扰。因此，功率控制和切换等重要的过程都需要良好的闭环通道。

图 4-1 闭环信号链路

4.2.2 CDMA 系统的掉话机制

按照协议规定，在通话过程中移动台与基站之间需要有闭合的信令交换，也就是移动台和基站双方对收到的信令必须进行响应。如果由于某种原因造成信令交换失败，移动台就不能正确调整它的发射机，造成重新初始化或返回空闲状态，即发生了掉话；另一方面，移动台中维持着一个计时器，对接收到坏帧这种事件的持续时间进行监视。如果计时器超时，则移动台关闭发射机并返回到初始状态，此时也会产生掉话。

1. 移动台掉话机制

（1）持续收到坏帧造成掉话

移动台 MS 接收到前向链路信号质量较差时，导致较高的前向误帧率 FFER，表明前向链路不好。如果此时 MS 连续接收到 12 个坏帧，则停止发射并启动计数器 T5m（一般设为5s）。若在计数器超时之前，MS 接收到了两个连续的好帧，则重新发射并复位计数器；若计数器到期时前向链路信号质量没有恢复，MS 重新初始化，导致掉话。

（2）没有收到确认信息造成掉话

MS 在业务信道上发射需要确认的消息后，如果重发了 N1m 次都没有收到基站的确认信息，就会进入初始化状态，导致掉话。

2. 基站掉话机制

CDMA 系统并没有规定无线子系统的掉话机制，但是设备制造商一般都会根据 MS 的掉话情况制定应的掉话机制。与移动台掉话机制相似，基站掉话也分为两种情况：一种就是基站收到一定数目的坏帧后关闭前向链路；另一种是基站在重试了几次之后仍然没有收到移动台的确认信息，系统也会认为是掉话。

4.2.3 掉话分析鉴别模板

仅凭协议中规定的掉话机制并不能明确看出究竟是前向还是反向链路首先失败以及为什么失败而引发掉话。为了找到造成掉话的深层次原因，需要对路测采集数据进行仔细查看和分析。下面重点介绍几种典型掉话情况的分析鉴别模板，在实际工程应用时可以将路测数据与这几种典型情况加以对照，以便快速进行故障的定位。

1．接入/切换冲突掉话

当移动台在一个小区覆盖边缘位置发起呼叫时，切换也即将进行。由于 IS-95 不支持接入过程中进行切换，所以移动台在接入过程中沿着远离服务小区覆盖范围的方向移动时，切换就只能在接入过程结束后才能进行。如果接入过程太长，其后的切换过程就很有可能失败。CDMA2000 允许在接入的过程中进行切换，因此除非其他原因造成切换失败而引起掉话，否则不会出现接入/切换冲突掉话。

接入/切换冲突掉话前后移动台各项参数的典型变化如图 4-2 所示。在这种情况下，掉话发生前导频强度 E_c/I_o 往往会随着移动台接收功率的增加而不断减小。这表示存在另外一个强导频对前向链路造成了强干扰，应该进行切换。当导频强度跌至-15dB 以下的时候，前向链路的质量会严重下降。如果这种情况发生在接收到信道指配消息之后的 1~2s 内，则很容易发生业务信道初始化失败，移动台将重新初始化。掉话发生后移动台会在一个新的导频上进行初始化，这表明需要进行切换。导频强度低于-15dB 后，前向链路不能成功解调，移动台关闭了发射机。此时，反向闭环功控比特会被忽略，移动台发射功率调整值 TxGainAdj 的幅度保持平坦，一般为正的几 dB（也就是移动台关闭发射机前的值）。由于掉话发生时移动台的接收功率很高，所以移动台的开环功控机制会低估所需要的发射功率水平。基站无法解调移动台的消息，于是会发送较多的功率上调指令。

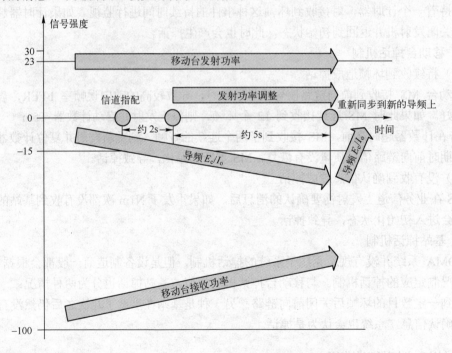

图 4-2　接入/切换冲突掉话前后移动台各项参数的典型变化

2．长时前向干扰掉话

持续时间超过移动台衰落计时器定时值（5s）的干扰可称为长时干扰。长时前向干扰掉话就是指由于前向链路存在长时间干扰而造成的掉话。

长时前向干扰掉话前后移动台各项参数的典型变化如图 4-3 所示。可以观察到，在掉话发生前，导频强度 E_c/I_o 会随着移动台接收功率的增加不断减小。这表明在前向链路存在干扰源。当导频强度低于-15dB 时，前向链路的质量严重下降，前向链路不能成功解调，移动台关闭发射机。此时，反向闭环功控比特会被忽略，移动台发射功率调整值 TxGainAdj 幅度保持平坦，一般是正的几 dB（也就是移动台关闭发射机前的值）。因为掉话发生时移动台的接收功率很高，所以移动台的开环功控机制会低估所需要的发射功率水平。基站无法解调移动台的消息，于是会发送较多的功率上调指令。如果这种情况持续比较长的时间，则移动台衰落计时器减到 0，移动台将重新初始化。对干扰源进行判断的基本方法如下：

1）如果掉话后移动台很快在另外一个导频上进行初始化，则掉话是由于切换失败引起，属于 CDMA 系统的自干扰，这是前向链路干扰造成掉话的最普遍情况。

2）如果移动台掉话后进入长时间的搜索模式中（超过 10s），则干扰源就很可能来自 CDMA 系统外部（例如微波发射机），而不是 CDMA 系统中的可用导频信号。

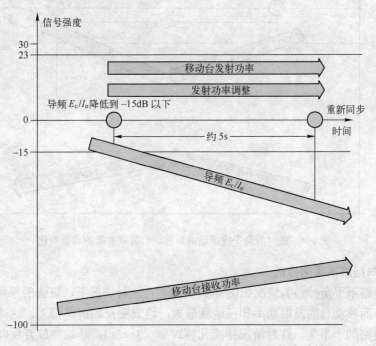

图 4-3　长时前向干扰掉话前后移动台各项参数的典型变化

3．短时前向干扰掉话

持续时间低于移动台衰落计时器定时值（5s）的干扰可称为短时干扰。短时前向干扰掉话就是指由于前向链路存在短时间干扰而造成的掉话。

短时前向干扰掉话前后移动台各项参数的典型变化如图 4-4 所示。可以观察到，掉话过程的前一段时间内移动台的各项指标变化的趋势和长时前向干扰掉话大体相同，导频强度 E_c/I_o 随着移动台接收功率的增加不断减小。当导频强度低于-15dB 时，前向链路的质量严重下降，前向链路不能成功解调，移动台关闭发射机。此时，反向闭环功控比特会被忽略，移动台发射功率调整值 TxGainAdj 的幅度保持平坦，一般是正的几 dB（也就是移动台关闭发射机前的值）。由于这种情况的持续时间很短（不超过 5s），移动台的衰落计时器会重新启动，掉话不会发生。然而，导频强度 E_c/I_o 在 5s 内恢复到-15dB 以上后，发射功率调整值 TxGainAdj 的幅度仍然保持水平，这表明移动台的发射机并没有启动，衰落计时器仍然在计时。当计时器溢出时，移动台重新初始化。出现这种现象是因为基站的掉话机制比移动台的掉话机制反应速度要快（例如，是在 2s 内而不是 5s 内）。当导频恢复时基站已经停止在业务信道上发射信号，从而造成移动台也随后关闭了发射机。在这种情况下，移动台会在同一个导频上重新初始化。干扰源的判断方法与长时前向干扰掉话相同。

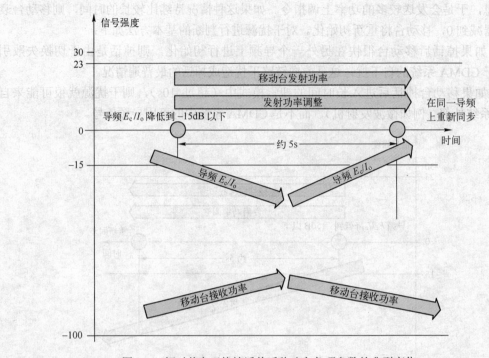

图 4-4　短时前向干扰掉话前后移动台各项参数的典型变化

4. 前反向链路不平衡掉话

前反向链路不平衡掉话的情况如图 4-5 所示。在这种情况下，很强的导频信号意味着前向链路很好，而移动台的发射功率却已达到最大，这表明反向链路很差。这两项参数说明了存在前反向链路的不平衡。这种情况持续几秒钟后（3～5s），基站将放弃反向业务信道，并停止发送前向业务信号。此时，前向业务信道的 FFER 变得很高，移动台很快会关闭发射机，发射功率调整值 TxGainAdj 的幅度变得平坦，可能为正的几个 dB（也就是移动台关闭发射机前的值）。因为移动台的接收功率较高，所以移动台的开环功控机制会低估所需的发射功率水平。基站无法解调移动台的消息，于是会发送较多的功率上调指令。引起前反向链路不平衡的原因主要包括反向链路阻塞（例如存在微波发射机等强反向干扰）和基站分配给导频的功率比例过高。

5. 长时弱覆盖掉话

持续时间较长（大于 5s）的弱覆盖引起掉话的情况如图 4-6 所示。导频强度 E_c/I_o 与移动台接收功率同时下降是这种掉话的显著特征。当导频强度低于-15dB 时，前向链路的质量严重下降，前向链路不能成功解调，移动台关闭发射机。此时，反向闭环功控比特会被忽略，移动台发射功率调整值 TxGainAdj 的幅度保持平坦，一般在保持在-10～0dB 内（在负载很重的小区内可能会更高）。若这种情况持续时间很长（超过 5s），则移动台将在衰落计时器超时后重置。这时候，移动台会进入一个长时间的搜索模式（大于 10s）。在掉话之前，移动台的发射功率一般接近最大值限制。移动台关闭发射机后，从路测后台分析软件上看到的发射功率值仍然保持不变（虽然实际上发射机已经被关闭了）。此时移动台的接收功率基本上接近-100dBm 或者更低。掉话后移动台通常会在同一导频上重新进行初始化。

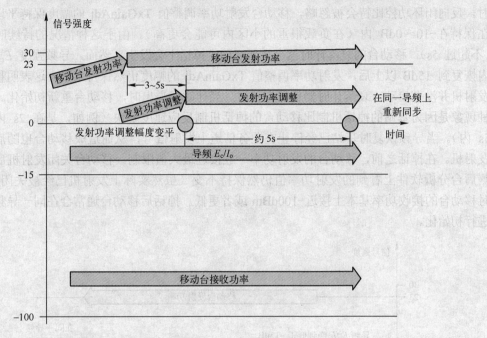

图 4-5　前反向链路不平衡掉话的情况

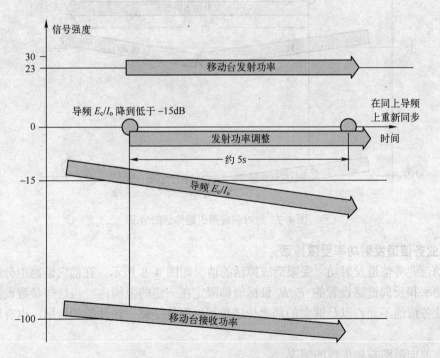

图 4-6　长时弱覆盖引起掉话的情况

6. 短时弱覆盖掉话

持续时间较短（小于 5s）的弱覆盖引起掉话的情况如图 4-7 所示。这种掉话的前半段过程和长时覆盖不好大体相同，导频强度与移动台接收功率同时下降。当导频强度 E_c/I_o 低于-15dB 时，前向链路的质量严重下降，前向链路不能成功解调，移动台关闭发射机。此时，反向闭环功控比特会被忽略，移动台发射功率调整值 TxGainAdj 的幅度保持平坦，一般在保持在-10～0dB 内（在负载很重的小区内可能会更高）。由于这种情况的持续时间很短（不超过 5s），移动台的衰落计时器会重新启动，掉话不会发生。然而，导频强度 E_c/I_o 在 5s 内恢复到-15dB 以上后，发射功率调整值 TxGainAdj 的幅度仍然保持水平，这表明移动台的发射机并没有启动，衰落计时器仍然在计时。当计时器溢出时，移动台重新初始化。出现这种现象是因为基站的掉话机制比移动台的掉话机制反应速度要快（例如，是在 2s 内而不是 5s 内）。当导频恢复时基站已经停止在业务信道上发射信号，从而造成移动台也随后关闭了发射机。在掉话之前，移动台的发射功率一般接近最大值限制。移动台关闭发射机后，从路测后台分析软件上看到的发射功率值仍然保持不变（虽然实际上发射机已经被关闭了）。此时移动台的接收功率基本上接近-100dBm 或者更低。掉话后移动台通常会在同一导频上重新进行初始化。

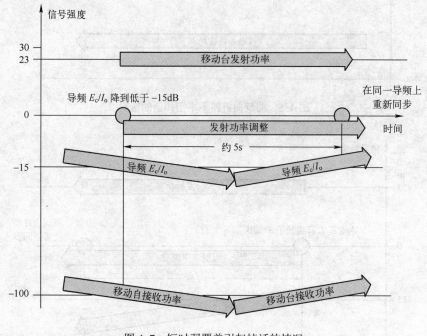

图 4-7　短时弱覆盖引起掉话的情况

7. 业务信道发射功率受限掉话

移动台业务信道发射功率受限造成掉话的情况如图 4-8 所示。在前向链路中分配给业务信道的功率和反向链路设置的 E_b/N_t 目标值都限定在一定的范围内。当这些参数设置的不合适时，业务信道不允许以足够大的功率传送数据以保持链路，即使导频可用，也有可能发生掉话。

（1）前向链路首先失败的情况

在业务信道功率受限所导致的掉话现象中，可以看到导频强度和移动台的接收功率都在可接受的门限之上。例如，导频的 E_c/I_o 大于-15dB，移动台接收功率大于-100dBm。发射功率调整值 TxGainAdj 会在 5s 内保持水平，之后移动台重新初始化。这表明前向业务信道能量不足，移动台不能成功解调，关闭了发射机。由于导频强度足够，因此可以断定前向业务信道的发射功率受限（前向业务信道配置的最大发射功率受限）或者已经被停止发送。移动台衰落计时器 5s 超时后，移动台将重新初始化。在同一个导频信道上初始化表明掉话的原因是前向业务信道太弱。

（2）反向链路首先失败的情况

基站设置的反向业务信道 E_b/N_t 目标值是反向信道的一个限制。当基站所接收到的反向业务信道的能量达不到一定的值时，基站将中断前向业务信道的发送。现象与前向链路首先失败的情况相同。

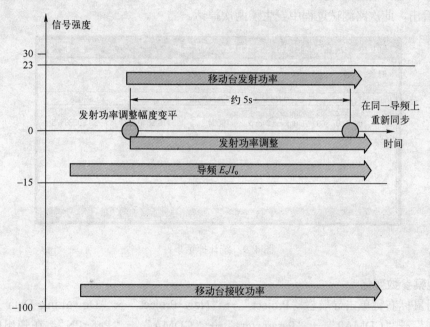

图 4-8　移动台业务信道发射功率受限造成掉话的情况

4.3　任务实施

4.3.1　观察掉话参数

1．启动后台分析软件

启动 Pilot Navigator 软件，进入工作界面。

2．导入测试数据

选择主菜单"编辑"→"打开数据文件"，打开"Open Data files"窗口。通过存储路径找到并选择要导入的数据文件"掉话案例.rcu"，单击"打开"按钮完成导入。数据导入成功后，导航栏"Project"→"New_Project"→"DownLink Data Files"下面会增加项目"掉话案例"→"CDMA2"。

3．解码测试数据

用鼠标右键单击导航栏"Project"→"New_Project"→"DownLink Data Files"→"掉话案例"→"CDMA2"，在弹出的菜单中选择"测试 Log"，完成数据解码。解码成功后，导航栏"Project"→"New_Project"→"DownLink Data Files"→"掉话案例"→"CDMA2"前面会出现"+"。系统同时打开"Test Log"窗口，用于显示测试数据的具体内容。

4．统计掉话事件

用鼠标右键单击导航栏"Project"→"New_Project"→"DownLink Data Files"→"掉话案例"→"CDMA2"→"Events"→"Call"→"Outgoing Dropped Call"，在弹出的菜单中选择"事件统计信息"，打开"Event Statistic Info"窗口，统计掉话事件如图 4-9 所示。从图中可以看出，此次路测试过程中发生了两次掉话。

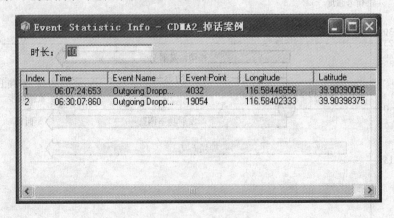

图 4-9　统计掉话事件

5．观察参数变化

1）用鼠标右键单击导航栏"Project"→"New_Project"→"DownLink Data Files"→"掉话案例"→"CDMA2"→"Parameters"→"CDMA"→"PeferPN"，在弹出的菜单中选择"曲线图窗口"，打开参数"PeferPN"的"Graph"窗口。

2）用鼠标右键单击导航栏"Project"→"New_Project"→"DownLink Data Files"→"掉话案例"→"CDMA2→Parameters"→"CDMA"→"TotalEcIo"，在弹出的菜单中选择"曲线图窗口"，打开参数"TotalEcIo"的"Graph"窗口。

3）用鼠标右键单击导航栏"Project"→"New_Project"→"DownLink Data Files"→"掉话案例"→"CDMA2"→"Parameters"→"CDMA"→"RxAGC"，在弹出的菜单中选择"曲线图窗口"，打开参数"RxAGC"的"Graph"窗口。

4）用鼠标右键单击导航栏"Project"→"New_Project"→"DownLink Data Files"→"掉话案例"→"CDMA2"，在弹出的菜单中选择"信令窗口"，打开信令窗口。

5）通过用鼠标双击事件统计窗口中的掉话事件，将各窗口同步到出现掉话的时刻，观察参数变化如图 4-10 所示。观察并记录参数和信令在掉话前后所发生的变化。

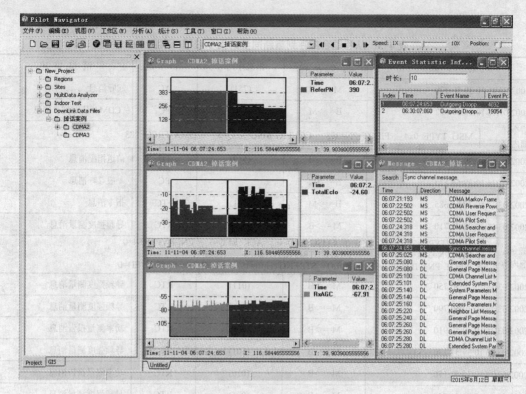

图 4-10　观察参数变化

6. 分析掉话原因

1）参数 PeferPN、TotalEcIo 和 RxAGC 在掉话前后的变化如表 4-2 所示。掉话前 TotalEcIo 持续下降，RxAGC 缓慢上升，说明掉话是由长时间前向干扰所致。

表 4-2　掉话前后 PeferPN、TotalEcIo 和 RxAGC 的变化

序号	掉话时间	掉话前 PeferPN	掉话后 PeferPN	TotalEcIo	RxAGC
1	14:34:19:460	390	270	下降	缓慢上升
2	14:35:31:080	18	392	下降	缓慢上升

2）分别用鼠标双击事件统计窗口中的两次掉话事件，在信令窗口中找到并用鼠标双击掉话前的最后一条"CDMA Polit Sets"信令。发现第一次掉话前邻区列表中没有"270"，第二次掉话前邻区列表中没有"392"。这说明两次掉话均是因为邻区列表漏配导致切换失败所致。

4.3.2　分析掉话案例

1. 掉话案例 1：接入/切换冲突

（1）案例描述

本次呼叫从 2002/03/16 10:39:49.570 移动台发送起呼消息开始，至 2002/03/16 10:39:59.638 移动台重新同步，历时约 10s。

① 从移动台起呼到重新同步的信令流程（案例 1）如表 4-3 所示。

表 4-3 从移动台起呼到重新同步的信令流程（案例 1）

时 间 戳	信 令 方 向	消息序列号	信 道	消 息 描 述
2002/03/16 10:39:50.070	M==>B	(751)	AC	起呼消息
2002/03/16 10:39:50.082	B==>M		PC	CDMA 信道列表消息
信令详 细内容	MSG_TYPE=0x4 PILOT_PN=378 CONFIG_MSG_SEQ=5 CDMA_FREQ=283			
2002/03/16 10:39:50.122	B==>M	(510)	PC	信道指配消息
2002/03/16 10:39:50.125	B==>M		PC	一般寻呼消息
2002/03/16 10:39:50.685	B==>M	(701)	FTC	指令消息
2002/03/16 10:39:50.710	M==>B	(001)	RTC	导频强度测量消息
信令详 细内容	MSG_TYPE=5 ACK_SEQ=0 MSG_SEQ=0 ACK_REQ=1 ENCRYPTION=0 REF_PN=378 PILOT_STRENGTH=28 KEEP=1 PILOT_PN_PHASE[0]=123 PILOT_STRENGTH[0]=19 KEEP=1 RESERVED=0			
2002/03/16 10:39:50.750	M==>B	(011)	RTC	导频强度测量消息
2002/03/16 10:39:50.790	M==>B	(021)	RTC	导频强度测量消息
2002/03/16 10:39:50.910	M==>B	(000)	RTC	功率测量报告消息
2002/03/16 10:39:51.130	M==>B	(001)	RTC	导频强度测量消息
2002/03/16 10:39:51.170	M==>B	(010)	RTC	功率测量报告消息
2002/03/16 10:39:51.250	M==>B	(021)	RTC	导频强度测量消息
2002/03/16 10:39:51.330	M==>B	(031)	RTC	导频强度测量消息
2002/03/16 10:39:51.343	B==>M	(211)	FTC	业务连接消息
2002/03/16 10:39:51.405	B==>M	(111)	FTC	业务连接消息
2002/03/16 10:39:51.465	B==>M	(211)	FTC	业务连接消息
2002/03/16 10:39:51.491	M==>B	(120)	RTC	指令消息
2002/03/16 10:39:51.531	M==>B	(130)	RTC	功率测量报告消息
2002/03/16 10:39:51.751	M==>B	(131)	RTC	导频强度测量消息
信令详 细内容	MSG_TYPE=5 ACK_SEQ=1 MSG_SEQ=3 ACK_REQ=1 ENCRYPTION=0 REF_PN=378 PILOT_STRENGTH=33 KEEP=1 PILOT_PN_PHASE[0]=441 PILOT_STRENGTH[0]=31 KEEP=1 PILOT_PN_PHASE[1]=123 PILOT_STRENGTH[1]=20 KEEP=1 PILOT_PN_PHASE[2]=339 PILOT_STRENGTH[2]=26 KEEP=1 RESERVED=0			
2002/03/16 10:39:51.811	M==>B	(140)	RTC	功率测量报告消息
2002/03/16 10:39:52.031	M==>B	(101)	RTC	导频强度测量消息
2002/03/16 10:39:52.151	M==>B	(150)	RTC	功率测量报告消息
2002/03/16 10:39:52.512	M==>B	(101)	RTC	导频强度测量消息
2002/03/16 10:39:52.591	M==>B	(160)	RTC	功率测量报告消息
2002/03/16 10:39:52.631	M==>B	(131)	RTC	导频强度测量消息
2002/03/16 10:39:52.805	B==>M	(360)	FTC	指令消息
2002/03/16 10:39:52.891	M==>B	(170)	RTC	功率测量报告消息
2002/03/16 10:39:52.931	M==>B	(101)	RTC	导频强度测量消息

	时 间 戳	信 令 方 向	消息序列号	信 道	消 息 描 述
信令详细内容	MSG_TYPE=5 ACK_SEQ=1 MSG_SEQ=0 ACK_REQ=1 ENCRYPTION=0 REF_PN=378 PILOT_STRENGTH=28 KEEP=1 PILOT_PN_PHASE[0]=123 PILOT_STRENGTH[0]=19 KEEP=1 RESERVED=0				
	2002/03/16 10:39:53.105	B==>M	(000)	FTC	指令消息
	2002/03/16 10:39:53.131	M==>B	(141)	RTC	业务连接完成消息
	2002/03/16 10:39:53.171	M==>B	(151)	RTC	导频强度测量消息
信令详细内容	MSG_TYPE=5 ACK_SEQ=1 MSG_SEQ=5 ACK_REQ=1 ENCRYPTION=0 REF_PN=378 PILOT_STRENGTH=41 KEEP=0 PILOT_PN_PHASE[0]=441 PILOT_STRENGTH[0]=42 KEEP=1 PILOT_PN_PHASE[1]=123 PILOT_STRENGTH[1]=14 KEEP=1 PILOT_PN_PHASE[2]=339 PILOT_STRENGTH[2]=36 KEEP=1 RESERVED=0				
	2002/03/16 10:39:59.638	B==>M		SC	同步信道消息
信令详细内容	MSG_TYPE=1 P_REV=3 MIN_P_REV=2 SID=13824 NID=2 PILOT_PN=123 LC_STATE=0x1205311072462 SYS_TIME=8753520001 LP_SEC=13 LTM_OFF=16 DAYLT=0 PRAT=0 CDMA_FREQ=283				

② 掉话发生前后的信号强度变化曲线（案例1）如图 4-11 所示。

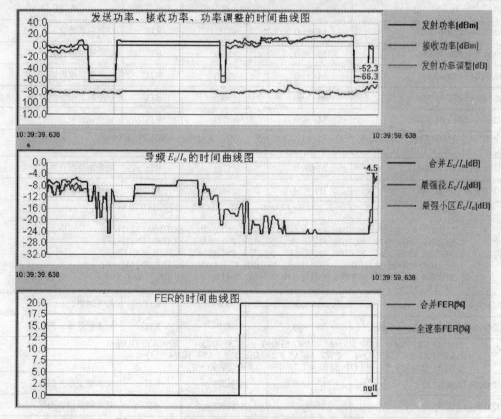

图 4-11　掉话发生前后的信号强度变化曲线（案例1）

（2）案例分析

从信号强度变化曲线中可以观察到，随着移动台接收功率的增加，导频强度 E_c/I_0 在不断减小，前向链路的质量严重下降。掉话后，移动台重新初始化，E_c/I_0 明显升高。

从信令上可以看到，移动台发出"起呼消息"时主服务小区的导频 PN=378。在接入过程后期，移动台不断发出"导频强度测量消息"报告 PN=123 的导频强度很大，服务小区导

频的 E_c/I_o 迅速降到了-15dB 以下，在移动台发出"业务连接完成消息"后随即发生掉话，之后重新同步到了 PN=123 的导频上。

由以上现象可知，由于 IS-95 系统不允许在接入过程中进行切换，移动台无法解调前向链路的信号，关闭了发射机，造成掉话。因此，本次掉话是接入/切换冲突引起的。

（3）优化建议

CDMA 2000 允许在接入的过程中进行切换，不会出现接入/切换冲突掉话。

2．掉话案例 2：长时前向干扰

（1）案例描述

本次呼叫从 2002/08/04 14:07:51.730 移动台发送起呼消息开始，至 2002/08/04 14:08:48.930 移动台重新同步，历时约 57s。

① 从移动台起呼到重新同步的信令流程（案例 2）如表 4-4 所示。

表 4-4 掉话案例 2 信令流程

时 间 戳	信令方向	消息序列号	信 道	消 息 描 述
2002/08/04 14:08:40.650	M= =>B	(531)	RTC	切换完成消息
2002/08/04 14:08:40.830	M= =>B	(540)	RTC	功率测量报告消息
2002/08/04 14:08:40.990	M= =>B	(550)	RTC	功率测量报告消息
2002/08/04 14:08:41.530	M= =>B	(560)	RTC	功率测量报告消息
2002/08/04 14:08:41.570	M= =>B	(531)	RTC	切换完成消息
信令详细内容	MSG_TYPE=10　ACK_SEQ=5　MSG_SEQ=3　ACK_REQ=1　ENCRYPTION=0 LAST_HDM_SEQ=0　PILOT_PN[0]=111　Reserved=0			
2002/08/04 14:08:41.690	M= =>B	(570)	RTC	功率测量报告消息
2002/08/04 14:08:41.765	B= =>M	(361)	FTC	相邻列表更新消息
信令详细内容	MSG_TYPE=8　ACK_SEQ=3　MSG_SEQ=6　ACK_REQ=1　ENCRYPTION=0 PILOT_INC=3 NGHBR_PN[0]=279　NGHBR_PN[1]=447　NGHBR_PN[2]=306　NGHBR_PN[3]=138 NGHBR_PN[4]=474　NGHBR_PN[5]=90　NGHBR_PN[6]=336　NGHBR_PN[7]=237 NGHBR_PN[8]=363　NGHBR_PN[9]=54　NGHBR_PN[10]=405 NGHBR_PN[11]=402 NGHBR_PN[12]=483 NGHBR_PN[13]=66　NGHBR_PN[14]=168 NGHBR_PN[15]=69 NGHBR_PN[16]=243 NGHBR_PN[17]=318 NGHBR_PN[18]=195 NGHBR_PN[19]=504 RESERVED=0			
2002/08/04 14:08:41.850	M= =>B	(600)	RTC	指令消息
2002/08/04 14:08:41.891	M= =>B	(610)	RTC	功率测量报告消息
信令详细内容	MSG_TYPE=6　ACK_SEQ=6　MSG_SEQ=1　ACK_REQ=0　ENCRYPTION=0 ERRORS_DETECTED=2　PWR_MEAS_FRAMES=3　LAST_HDM_SEQ=0 NUM_PILOTS=1　PILOT_STRENGTH[0]:36　RESERVED=0			
2002/08/04 14:08:42.130	M= =>B	(620)	RTC	功率测量报告消息
2002/08/04 14:08:42.310	M= =>B	(630)	RTC	功率测量报告消息
2002/08/04 14:08:42.470	M= =>B	(640)	RTC	功率测量报告消息
2002/08/04 14:08:42.630	M= =>B	(650)	RTC	功率测量报告消息
2002/08/04 14:08:48.930	B= =>M		SC	同步信道消息
信令详细内容	MSG_TYPE=1　P_REV=6　MIN_P_REV=2　SID=13824　NID=2 PILOT_PN=354　LC_STATE=0x1910077237702　SYS_TIME=8905956617 LP_SEC=13　LTM_OFF=16　DAYLT=0　PRAT=0　CDMA_FREQ=283			

② 掉话发生前后的信号强度变化曲线（案例2）如图4-12所示。

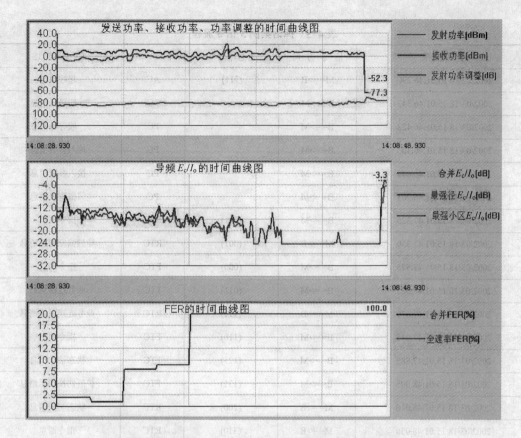

图 4-12　掉话发生前后的信号强度变化曲线（案例 2）

（2）案例分析

在移动台发出最后一个功率测量报告消息后，再也没有收到基站的业务信道消息，6s 后重新初始化到一个新的导频上。移动台没有发出导频测量消息，说明不是软切换失败问题。

导频的 E_c/I_o 下降非常快，前向链路变得很差。导致前向链路变差可能是干扰或覆盖不足所致。从信号强度曲线可以看出，移动台接收功率略有升高，说明可能存在有前向干扰。

导频 E_c/I_o 降到-24dB 以下，移动台同步到新导频（PN354）上，说明干扰源可能是 CDMA 系统内部干扰。查看信令可以发现，PN354 不在掉话前最后一条邻区列表更新消息的邻区列表中，PN354 就是该强干扰源。

（3）优化建议

可以考虑优化邻区列表，即将强导频加入其中，但要注意邻区列表长度不能超过限制。

3．掉话案例 3：短时前向干扰

（1）案例描述

本次呼叫从 2002/03/18 15:01:46.290 移动台发送起呼消息开始，至 2002/03/18 15:01:49.975 移动台重新同步，历时约 3s。

① 从移动台起呼到重新同步的信令流程（案例3）如表4-5所示。

表4-5 掉话案例3信令流程

时 间 戳	信令方向	消息序列号	信 道	消息描述
2002/03/18 15:01:46.290	M==>B	(711)	AC	起呼消息
2002/03/18 15:01:46.343	B==>M		PC	一般寻呼消息
2002/03/18 15:01:46.423	B==>M		PC	一般寻呼消息
2002/03/18 15:01:46.463	B==>M		PC	接入参数消息
2002/03/18 15:01:46.645	B==>M		PC	接入参数消息
2002/03/18 15:01:46.703	B==>M		PC	邻集列表消息
2002/03/18 15:01:47.325	B==>M	(701)	FTC	指令消息
2002/03/18 15:01:47.350	M==>B	(001)	RTC	导频强度测量消息
2002/03/18 15:01:47.525	B==>M	(000)	FTC	指令消息
2002/03/18 15:01:47.625	B==>M	(011)	FTC	业务连接消息
2002/03/18 15:01:47.670	M==>B	(111)	RTC	业务连接完成消息
2002/03/18 15:01:47.845	B==>M	(110)	FTC	指令消息
2002/03/18 15:01:47.885	B==>M	(121)	FTC	状态请求消息
2002/03/18 15:01:48.005	B==>M	(131)	FTC	扩展切换指示消息
2002/03/18 15:01:48.010	M==>B	(200)	RTC	状态响应消息
2002/03/18 15:01:48.050	M==>B	(310)	RTC	指令消息
2002/03/18 15:01:48.090	M==>B	(321)	RTC	切换完成消息
2002/03/18 15:01:48.265	B==>M	(220)	FTC	指令消息
2002/03/18 15:01:48.385	B==>M	(241)	FTC	相邻列表更新消息
2002/03/18 15:01:48.450	M==>B	(420)	RTC	指令消息
2002/03/18 15:01:48.465	B==>M	(251)	FTC	业务系统参数消息
2002/03/18 15:01:48.505	B==>M	(261)	FTC	功率控制参数消息
2002/03/18 15:01:48.530	M==>B	(530)	RTC	指令消息
2002/03/18 15:01:48.850	M==>B	(631)	RTC	导频强度测量消息
2002/03/18 15:01:49.025	B==>M	(330)	FTC	指令消息
2002/03/18 15:01:49.486	B==>M	(340)	FTC	指令消息
2002/03/18 15:01:49.510	M==>B	(650)	RTC	指令消息
2002/03/18 15:01:49.525	B==>M	(340)	FTC	指令消息
2002/03/18 15:01:49.565	B==>M	(340)	FTC	指令消息
2002/03/18 15:01:49.975	B==>M		SC	同步信道消息

② 掉话发生前后的信号强度变化曲线（案例3）如图4-13所示。

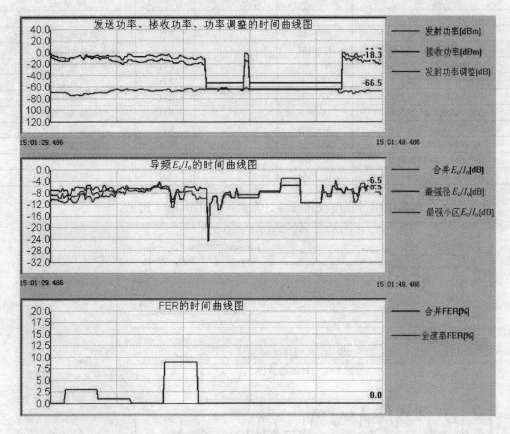

图 4-13　掉话发生前后的信号强度变化曲线（案例3）

（2）案例分析

在掉话前约 10s 时，导频 E_c/I_o 突降到-13dB 以下，FER 迅速上升至 9% 左右，而此时移动台的接收功率略有升高，表明存在前向干扰。在导频 E_c/I_o 恢复后的一段时间内，可能移动台的发射机并没有启动，衰落计时器仍然在计时。当计时器溢出后，移动台重新初始化。发生这种情况是因为基站的掉话机制比移动台的反应要快（例如是在 2s 内而不是 5s 内）。当导频恢复时基站已经停止在业务信道上发射信号，产生了掉话。

（3）优化建议

可使用扫频仪扫频的方式确定是否存在外界突发干扰，并进行排除。

4．掉话案例4：长时弱覆盖

（1）案例描述

本次呼叫从 2003/04/08 20:04:30.830 以前移动台发送起呼消息开始，至 2003/04/08 20:07:30.472 移动台重新同步，历时约 3min。

① 从移动台起呼到重新同步的信令流程（案例4）如表4-6所示。

表 4-6 掉话案例 4 信令流程

时 间 戳	信 令 方 向	消息序列号	信 道	消 息 描 述
2003/04/08 20:07:04.590	B= =>M		FTC	扩展补充信道指配消息
2003/04/08 20:07:05.010	B= =>M		FTC	扩展补充信道指配消息
2003/04/08 20:07:05.130	B= =>M		FTC	扩展补充信道指配消息
2003/04/08 20:07:10.905	B= =>M		FTC	扩展补充信道指配消息
2003/04/08 20:07:24.133	M= =>B		RTC	导频强度测量消息
2003/04/08 20:07:25.353	M= =>B		RTC	导频强度测量消息
2003/04/08 20:07:26.552	M= =>B		RTC	导频强度测量消息
2003/04/08 20:07:26.953	M= =>B		RTC	导频强度测量消息
2003/04/08 20:07:27.752	M= =>B		RTC	导频强度测量消息
2003/04/08 20:07:28.152	M= =>B		RTC	导频强度测量消息
2003/04/08 20:07:30.472	B= =>M		SC	同步信道消息

② 掉话发生前后的信号强度变化曲线（案例 4）如图 4-14 所示。

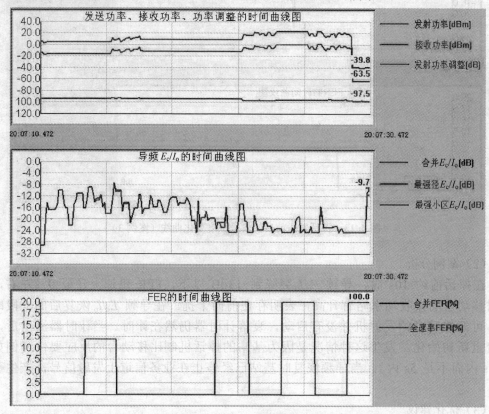

图 4-14 掉话发生前后的信号强度变化曲线（案例 4）

（2）案例分析

从信号强度曲线中可以看到，导频强度 E_c/I_o 与移动台接收功率同时下降，移动台的接收功率基本上接近-100dBm。当导频强度低于-15dB 时，前向链路的质量严重下降，误帧率很高，这个现象持续时间在 10s 以上。在掉话之前，移动台的发射功率已经很高。这说明掉话地点可能在小区的边缘，前反向信号都较差，属于长时间覆盖不良造成的掉话。

（3）优化建议

可以考虑增加基站或直放站数量以增强覆盖，也可调整附近小区或信号源，更多地向该区域覆盖。

5. 掉话案例5：业务信道发射功率受限

（1）案例描述

本次呼叫从 2002/03/16 10:04:12.930 移动台发送起呼消息开始，至 2002/03/16 10:05:06.282 移动台重新同步，历时约 54s。

① 从移动台起呼到重新同步的信令流程（案例5）如表4-7所示。

表4-7　掉话案例5信令流程

时 间 戳	信令方向	消息序列号	信 道	消 息 描 述
2002/03/17 15:40:55.245	B==>M	(371)	FTC	扩展切换指示消息
2002/03/17 15:40:55.251	M==>B	(760)	RTC	指令消息
2002/03/115:40:55.465	B==>M	(460)	FTC	指令消息
2002/03/17 15:40:55.505	B==>M	(570)	FTC	指令消息
2002/03/17 15:40:55.565	B==>M	(500)	FTC	指令消息
2002/03/17 15:40:56.195	B==>M		SC	同步信道消息

② 掉话发生前后的信号强度变化曲线（案例5）如图4-15所示。

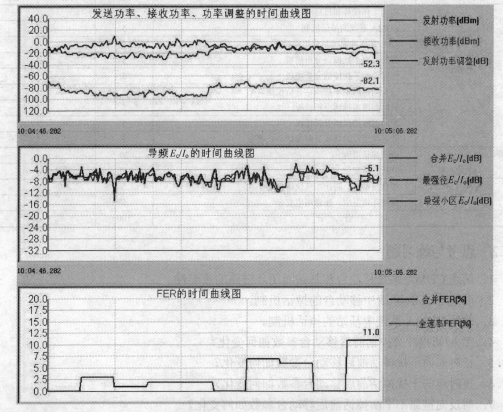

图4-15　掉话发生前后的信号强度变化曲线（案例5）

（2）案例分析

在掉话前，移动台的接收功率和导频 E_c/I_0 都较高，说明导频信道较好，但误帧率过高，说明前向业务信道无法正确解调，这是导致掉话的主要原因，可能是分配给前向业务信道的发射功率过低所致。

（3）优化建议

如果是前向链路首先失败，可考虑增大前向业务信道最大发射功率，保证前向业务信道和导频信道的覆盖平衡，但这会增加邻近小区的前向干扰，需要测试邻近小区的前向覆盖。

如果是反向链路首先失败，可考虑减小前向导频信道发射功率，保证前向业务信道和导频信道的覆盖平衡，但这会缩小前向覆盖范围，优化时需要反复测试邻近小区的前向覆盖。

4.4 验收评价

4.4.1 任务实施评价

"检测解析掉话故障"任务评价表如表4-8所示。

表 4-8 "检测解析掉话故障"任务评价表

任务 4 检测解析掉话故障				
班 级		小组		
评价要点	评价内容	分值	得分	备注
基础知识 （45分）	明确工作任务和目标	5		
	CDMA 系统的掉话机制	5		
	接入/切换冲突掉话分析模板	5		
	长时前向干扰掉话分析模板	5		
	短时前向干扰掉话分析模板	5		
	前反向链路不平衡掉话分析模板	5		
	长时弱覆盖掉话分析模板	5		
	短时弱覆盖掉话分析模板	5		
	业务信道发射功率受限掉话分析模板	5		
任务实施 （45分）	查找掉话原因	20		
	分析掉话案例	25		
操作规范 （10分）	按规范操作，防止损坏仪器仪表	5		
	保持环境卫生，注意用电安全	5		
合 计		100		

4.4.2 思考与练习题

1．简述 CDMA 系统移动台和基站间闭环链路的重要性。

2．简述 CDMA 系统中移动台的掉话机制。

3．简述 CDMA 系统中基站的掉话机制。

4．接入/切换冲突掉话前后移动台参数如何变化？

5．长时前向干扰掉话前后移动台参数如何变化？

6．短时前向干扰掉话前后移动台参数如何变化？

7．前反向链路不平衡掉话前后移动台参数如何变化？

8．长时弱覆盖掉话前后移动台参数如何变化？

9．短时弱覆盖掉话前后移动台参数如何变化？

10．业务信道发射功率受限掉话前后移动台参数如何变化？

任务 5　观察分析接入数据

【学习目标】

◇ 了解接入和接入失败的概念。
◇ 掌握接入信令及探针和探针序列。
◇ 掌握接入参数、定时器和里程碑。
◇ 使用分析软件观察接入信令流程。
◇ 运用里程碑分析接入失败案例。

5.1　任务描述

呼叫（接入）失败是移动通信中的一种严重网络故障现象，接通率是评估 CDMA 系统性能的一项重要指标。通常，通过信令分析判断导致接入失败的直接原因并不困难，但要确定造成接入失败的深层原因还必须对测试数据进行仔细的分析。本任务使用后台分析软件对接入数据进行分析，通过案例总结接入失败产生的原因和优化方法，"观察分析接入数据"任务说明如表 5-1 所示。

表 5-1　"观察分析接入数据"任务说明

工作内容	观察接入信令流程	分析接入失败案例
业务类型	中国电信 CDMA 2000 话音业务	中国电信 CDMA 2000 话音业务
硬件设备	测试计算机	测试计算机
软件工具	Pilot Navigator	Pilot Navigator
备用资料	接入测试数据文件	电子地图、基站信息、测试数据文件

5.2　知识准备

5.2.1　接入失败定义

接入（Origination）就是从手机发出呼叫请求（或响应被叫）到建立通话的过程。移动网用户发起的呼叫分为移动台到固定网络的呼叫（Mobile to Land，MTOL）和移动台到移动台的呼叫（Mobile to Mobile，MTOM）。固定网用户发起的呼叫称为 LTOM（Land to Mobile）。

在系统资源可用的情况下，不能在指定时间内完成起呼者到被呼者之间的呼叫连接称为一次接入失败。注意，这里不包括呼叫请求由于有意被拒绝（在有资源可用的情况下）而未完成的情况。

5.2.2 接入信令流程

1. 话音业务主呼信令流程

话音业务主呼信令流程如图 5-1 所示，其中 MS 为终端移动台，BS 为基站系统。

图 5-1 话音业务主呼信令流程

2. 话音业务被呼信令流程

话音业务被呼信令流程与主呼信令流程相似，只是将终端主动发起呼叫变为了响应基站的寻呼消息，话音业务被呼信令流程如图 5-2 所示。

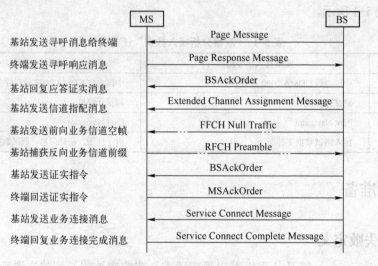

图 5-2 话音业务被呼信令流程

5.2.3 接入试探

1. 接入试探的种类

接入试探包括请求接入试探和响应接入试探两类，一次试探由若干个接入探针序列组成，请求和响应接入试探如图 5-3 所示。

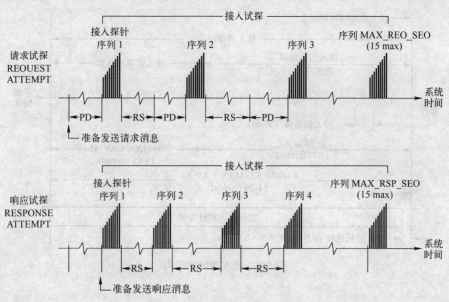

图 5-3 请求和响应接入试探

2．探针和探针序列

接入试探的基本单位为接入探针（Access Probe），多个探针可组成一个接入探针序列（Access Probe Sequence）。接入探针序列和探针的结构分别如图 5-4 和图 5-5 所示。

1）RS：序列滞后时延，0～1+BKOFF。

2）PD：持续性时延。

3）IP：初始开环功率。

4）PI：功率递增步长。

5）TA：确认响应超时上限，80×(2+ACC_TMO)。

6）RT：试探滞后时延，0～1+PROBE_BKOFF。

7）NUM_STEP：接入探针的数目。

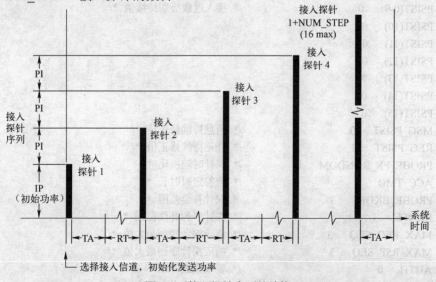

图 5-4 接入探针序列的结构

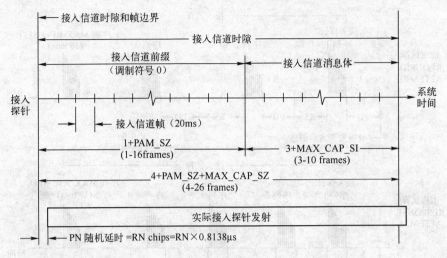

图 5-5　接入探针的结构

5.2.4　接入参数

在寻呼信道周期下发的接入信道消息 Access Channel Message 中包含了手机接入时使用的参数。

PILOT_PN	100	/* 导频 PN 序列 */
ACC_MSG_SEQ	47	/* 接入参数消息序列号 */
ACC_CHAN	0	/* 接入信道号 */
NOM_PWR	0	/* 标称发射功率偏置 */
INIT_PWR	0	/* 初始发射功率偏置 */
PWR_STEP	5	/* 初始递增步长 */
NUM_STEP	4	/* 接入探针个数 */
MAX_CAP_SZ	7	/* 最大消息容量 */
PAM_SZ	3	/* 前导频长度 */
PSIST(0-9)	0	/* 接入过载级别持续值 */
PSIST(10)	0	
PSIST(11)	0	
PSIST(12)	0	
PSIST(13)	0	
PSIST(14)	0	
PSIST(15)	0	
MSG_PSIST	0	/* 消息持续修正值 */
REG_PSIST	0	/* 登记持续修正值 */
PROBE_PN_RANDOM	0	/* 探针时随机化 */
ACC_TMO	3	/* 应答定时时长 */
PROBE_BKOFF	3	/* 探针补偿范围 */
BKOFF	3	/* 探针序列补偿范围 */
MAX_REQ_SEQ	3	/* 请求探针序列最大值 */
MAX_RSP_SEQ	3	/* 响应探针序列最大值 */
AUTH	0	/* 鉴权模式 */
NOM_PWR_EXT	0	/* 扩展标准发射功率 */

1. ACC_CHAN

1）接入信道的数目。每个寻呼信道对应的接入信道数目为 1+ACC_CHAN。

2）取值范围：0～31（Slots）。

3）默认值：0。

2. NOM_PWR

1）标称发射功率偏置。该参数用于补偿由于前向 CDMA 信道和反向 CDMA 信道之间不相关造成的路径损耗差距。手机初始发射功率（dBm）＝－手机接收功率（dBm）－73（76）+标称发射功率偏置（NOM_PWR）+接入的初始功率偏置（INIT_PWR），其中"73（76）"为前反向路径路损补偿常数。

2）取值范围：－8～+7（dBm）。

3）默认值：0。

4）设置思路：设置过大或过小，闭环功控将无法及时校正开环功控中的估计偏差。

3. INIT_PWR

1）初始发射功率偏置。该参数是对第一个接入信道序列所需要做的调整。手机初始发射功率（dBm）＝－手机接收功率（dBm）－73（76）+标称发射功率偏置（NOM_PWR）+接入的初始功率偏置（INIT_PWR），其中"73（76）"为前反向路径路损补偿常数。

2）取值范围：－16～+15（dBm）。

3）默认值：0。

4）设置思路：如果设置太大，移动台的接入会导致反向链路阻塞，从而降低了接入信道的性能；如果设置太小，移动台在接入时的初始发射功率太小，从而导致移动台必须发送多个探针才会被基站成功接收，这会增加接入信道碰撞的概率。

4. PWR_STEP

1）接入试探序列发射功率的增加步长。

2）取值范围：0～7（dB/unit）。

3）默认值：4。

4）设置思路：设置过高，在移动台发射连续接入探针时，反向链路上产生附加干扰的概率增大；设置过低，在基站成功获取移动台所需要的探测脉冲个数会增加。这会导致接入信道负载增大，随之加大了接入信道碰撞的概率，使接入时间变长。

5. NUM_STEP

1）接入探针个数。在每一个接入探针序列中有 NUM_STEP+1 个接入探针。

2）取值范围：0～15（个）。

3）默认值：5。

4）设置思路：设置过高将增大探针序列成功接入的概率，但会增加反向链路的干扰；设置过低反向链路上的干扰变小，但探针序列的接入成功率会降低。

5）附加说明：因为使用 PWR_STEP 和 NUM_STEP 都是为了实现相同的目的，即保证基站成功接收移动台接入，所以在这些值之间存在折中值。换言之，如果 PWR_STEP 设为一个低值，则 NUM_STEP 必须设为相对较高的值。反之，如果 PWR_STEP 设为一个高值，则 NUM_STEP 必须设为较低的值。

6. MAX_CAP_SZ

1）最大消息容量。接入信道消息实体的长度为 3+MAX_CAP_SZ。

2）取值范围：0～7（Frames）。

3）默认值：4。

4）设置思路：设置高会浪费接入信道容量，因为无论实际信息需要多少帧，每个消息都发送 3+MAX_CAP_SZ 个帧。在中兴 1x 系统中，MAX_CAP_SZ 必须大于等于 3。

7. PAM_SZ

1）前导频长度。每个接入信道探针由接入信道前缀（access channel preamble）和接入信道消息实体（access channel message capsule）组成。接入信道前缀的长度为 1+ PAM_SZ。

2）取值范围：0～15（Frames）。

3）默认值：2。

4）设置思路：设置过高会浪费接入信道容量，因为每个消息发送 1+ PAM_SZ 个前缀；设置过低会降低基站成功获取移动台发射探针的概率，从而导致移动台重发。

8. PROBE_PN_RANDOM

1）定义接入信道探针的时间随机化，移动台将滞后系统时间若干个 PN 码片传送数据。

2）取值范围：0～9。PROBE_PN_RANDOM 值与滞后 PN 码片数对应关系如表 5-2 所示。

表 5-2　PROBE_PN_RANDOM 值与滞后 PN 码片数对应关系

PROBE_PN_RANDOM 值	滞后 PN 码片数
0	0
1	0～1
2	0～3
3	0～7
4	0～15
5	0～31
6	0～63
7	0～127
8	0～255
9	0～511

3）默认值：4。

4）设置思路：如果设为低值（例如 0 或 1），与相邻移动台接入探针在接入信道发生碰撞的概率将不可忽视。

9. ACC_TMO

1）应答定时时长。移动台在接入信道上发送信号并等待 TA=（2+ACC_TMO）×80ms 之后，如果没有收到基站的响应，则认为基站没有接收到发送的信号。

2）取值范围：0～15（ms）。

3）默认值：3。

4）设置思路：如果设置过低，移动台在发射一个接入探针之后等不到基站发出确认就会发射下一个探针。这样可能会发射一些不必要的探针，造成接入信道负载过重，并加大碰撞的概率。CDMA 2000 系统使用 ACC_TMO 限制基站发送确认（ACK）的时间，即 ACK 应在（2+ACC_TMO）×80 ms 内发射。如果 ACC_TMO 很小，基站可能无法满足规定要求，尤其是在重载条件下；如果设置过高，当每个接入尝试要求多个接入探针时，接入过程会放慢。

10．PROBE_BKOFF

1）接入探针滞后时间范围。如果移动台发送接入探针之后一段时间内没有收到来自基站的确认消息，则会在等待一个随机时延 RT（0～1+ PROBE_BKOFF）后再次发送接入探针。

2）取值范围：0～15（Slots）。

3）默认值：0。

4）设置思路：如果设置过高，当每个接入尝试要求多个接入探针时，接入过程会放慢；如果设置过低，同一序列的探针重发和重新碰撞的概率得不到有效减少。尤其是当没有使用 PN 随机或持续值时更是如此。但是对于负载较轻的系统，是可以接受的。

11．BKOFF

1）接入探针序列滞后时间范围。对于一个接入探针序列，将采用一个 RS（0～1+BKOFF）伪随机滞后时延。

2）取值范围：0～15（Slots）。

3）默认值：1。

4）设置思路：如果设置过高，当每个接入尝试要求多个接入探针时，接入过程会放慢；如果设置过低，同一序列的探针重发和重新碰撞的概率得不到有效减少。尤其是当没有使用 PN 随机或持续值时更是如此。但是对于负载较轻的系统，是可以接受的。

12．MAX_REQ_SEQ

1）接入请求探针序列最大数目。

2）取值范围：0～15（个）。

3）默认值：2。

4）设置思路：如果设置过大，会导致一次接入请求中探针序列重复发送次数太多，从而影响接入信道的容量；如果设置过小，会减小接入成功的可能性。

13．MAX_RSP_SEQ

1）接入响应探针序列最大数目。

2）取值范围：0～15（个）。

3）默认值：2。

4）设置思路：如果设置过大，会导致一次接入请求中探针序列重复发送次数太多，从而影响接入信道的容量；如果设置过小，会减小接入成功的可能性。

5.2.5　接入定时器

1．接入定时器种类和作用

接入过程与接入定时器对应关系如图 5-6 所示。

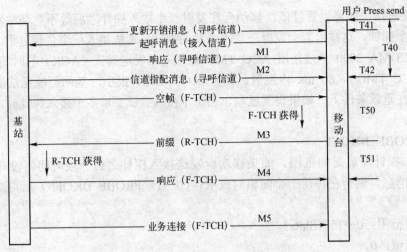

图 5-6 接入过程与接入定时器对应关系

（1）系统丢失定时器（T40m）

① 用户起呼后至收到信道指配消息前，称为接入过程的开始阶段。在此阶段，移动台会不停监听寻呼信道且每隔 T40m 时间必须从寻呼信道上收到一个好的消息。若在 T40m 时间内一直没有收到消息，移动台返回空闲状态，接入失败。

② 协议规定时间：3s，该定时器与 T42m 同时终止。

（2）系统接入状态定时器（T41m）

① 用户起呼后，在此定时器时间限制内，移动台未能更新开销消息，定时器超时，移动台将重新初始化并指示系统丢失。

② 协议规定时间：4s。

（3）系统接入状态定时器（T42m）

① 移动台在收到基站的接入响应消息后，若在 T42m 时间限制内没有收到信道指配消息，手机就会返回空闲状态。

② 协议规定时间：12s。

（4）定时器（T50m）

① 移动台收到信道指配消息后，若在 T50m 时间内没有捕获到前向业务信道（两个连续的好帧），手机将会重新初始化并指示系统丢失。

② 协议规定时间：IS-95A 系统中为 200ms，IS-95B 系统中为 1s，1X 系统中为 2s。

（5）定时器（T51m）

① 移动台捕获到前向业务信道后，将向基站发射反向业务信道前缀，若在 T51m 时间内没有得到基站的证实响应，移动台就会重新初始化。

② 协议规定时间：2s。

2. 接入定时器运行时间链

接入定时器运行时间链如图 5-7 所示。

3. 典型的接入事件序列

典型的接入事件序列如图 5-8 所示。一般情况下，基站接收到移动台的始呼消息后，完成响应消息发送大概在 200ms 内；接下来，需要约 300ms 后才能发送信道指配消息；基站捕获反向业务信道和在前向业务信道上发送应答命令，大概需要 500～1500ms；最后，基站大概需要求 200ms 用于业务连接消息的发送。所以，一般来说，从基站接收到移动台的始呼消息算起，整个接入时间通常 1.5～2s。

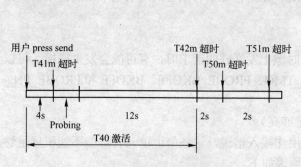

图 5-7　接入定时器运行时间链

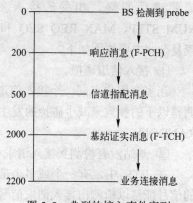

图 5-8　典型的接入事件序列

5.2.6　接入里程碑

为方便分析接入失败的原因，定位故障点，可将接入过程分为 5 个阶段。每一阶段都有一个完成时的关键点，即里程碑（M1～M5），它们在接入过程中的位置如图 5-6 所示。

1．接入过程中的里程碑

（1）M1（移动台收到起呼响应消息）

基站必须响应移动台的起呼消息。如果起呼消息没有响应，移动台将会重发起呼消息。系统可以指定接入失败前允许移动台发送起呼消息的最大次数。

（2）M2（移动台收到信道指配消息）

如果用户在收到基站响应消息后，在 12s 内（T42m）没有收到基站的信道指配消息，移动台将返回到空闲状态。

（3）M3（移动台获得前向业务信道）

移动台获得信道指配消息后，必须在 T50m 内捕获前向业务信道（两个连续好帧）。在 IS-95A 系统中 T50m 设定为 200ms，在 2000 1x 系统中这个参数延长到了 2s。

（4）M4（移动台收到反向业务信道确认消息）

移动台捕获前向业务信道后向基站发射反向业务信道前缀，基站捕获反向业务信道后向移动台回复证实消息。如果 2s 内（T51m）移动台未收到基站证实消息，将会重新初始化。

（5）M5（移动台收到业务连接消息）

移动台收到基站发送的成功捕获反向业务信道证实消息后，向基站回复证实消息。基站随后发送业务连接消息给移动台，移动台收到这一消息表明接入已经成功完成。此后出现的故障将被记为掉话。

2．接入失败各阶段分析

（1）移动台没有收到呼叫请求确认

这种情况表明没有到达接入过程的第 1 个里程碑（M1），这时需要进一步查看移动台发出的接入试探数是否已经达到最大的次数限制。

1）如果接入试探数已达到最大。

这时还需要进一步查看移动台发送最后几次接入试探序列时的发射功率是否达到了最大值。如果发射功率不是很高，并没有达到最大限制，说明有可能是接入参数设置不太合理，需要进行调整。相关的接入参数主要包括 INIT_PWR、NOM_PWR、PWR_STEP、NUM_STEP、MAX_REQ_SEQ 和 MAX_RSP_SEQ；如果移动台的发射功率很高，则情况比较复杂，主要原因如下。

① 接入信道碰撞。

当多个用户在同一个接入信道的同一时隙上发送呼叫请求时，有可能会发生碰撞。可以调整以下的参数来减少碰撞的发生：ACC_TMO、PROBE_BKOFF、BKOFF 和 PROBE_PN_RANDOM。

② 基站没有检测到接入请求（E_c/I_o足够高）。

在 BTS 中，有一个或多个信道单元用作接入信道，这些信道单元有可能不能积累足够的信号能量以检测出接入请求信号。主要原因如下。

a. 前反向链路不平衡。

如果强干扰阻塞了反向链路，反向链路的覆盖范围会收缩，而前向链路的覆盖并不受影响。若设备商并没有提供小区呼吸算法（随着反向覆盖范围的变化来调制前向覆盖），则很容易造成前反向覆盖的不平衡。此外，如果导频信道的增益设置得太高，前向链路的覆盖范围也有可能会超过移动台发射机的覆盖范围。移动台检测到了很强的导频，但是呼叫请求却会因为链路不平衡而不能被检测到。

b. 基站搜索的问题。

在反向覆盖很好的情况下，呼叫请求仍然不能被检测到，则可能是因为基站设备的搜索程序造成的。原因可能是接入信道搜索窗口太窄、分配给接入信道的搜索解调单元性能不强或者从一个相位偏移到另外一个相位偏移的转换时间太长。

c. 接入参数设置不合理。

在 BTS 中有可能会为接入信道发送的消息分配一个或者几个信道单元。但如果参数设置不合理，这些信道单元可能不能积累足够的能量来作出判断，导致基站无法检测到接入请求。这时需要调整的参数主要是 PAM_SIZE。

2）接入试探数没有达到最大。

如果接入试探次数没有达到最大限制，则有可能在接入过程中发生了系统丢失。在接入的初始阶段移动台仍需要监听寻呼信道，并且激活 T40m 计时器，接收到寻呼信道的消息后将该计时器清零。若该计时器溢出则系统丢失，移动台将返回空闲状态，接入失败。在空闲状态中移动台将拒绝接收到上一次呼叫请求回应的信道指配消息。移动台拒绝接收到的信道指配消息，就意味着其在接入过程中可能发生了系统丢失。这时还需要进一步查看移动台接收到的导频强度的大小。如果导频强度很低，则造成系统丢失的原因可能如下。

① 接入和切换冲突。

IS-95 系统在接入过程中不允许进行切换。如果移动台在接入的过程中朝远离服务小区的方向移动就可能会发生系统丢失，从而导致接入失败。若接入失败后移动台在一个新的导频上重新初始化，则意味着发生了接入过程中拒绝切换的情况。空闲切换区域太小或者接入过程太慢都会造成这种情况。

a. 空闲切换区域太小。

如果服务小区的导频信号衰减太快（例如 5～6dB/s），对移动台来说就仅有一个短暂的时间来进行空闲切换，而接入过程的持续时间很可能会比这个时间段要长。

b. 接入过程太慢。

如果移动台的移动速度很快（例如，在高速公路上的时速超过 60km/h），而接入过程又太慢，移动台在服务小区覆盖很好的地方发送呼叫请求，但是却很快移动到了服务小区的覆盖边缘。在接入请求的初始阶段是不允许切换的，从而导致接入失败。针对这种情况可调整的接入参数有 PWR_STEP、ACC_TMO、PROBE_BKOFF、SEQUENCE_BKOFF 和 PSIST（0～15）。

② 错过空闲软切换

如果很强的可用导频没有被列入邻区列表，那么移动台可能在进行接入请求之前没有进行空闲切换。在这种情况下很容易会造成接入过程中的系统丢失。这时需要对邻区列表进行调整。

③ 移动台捕获失败。

移动台没有及时捕获到强多径信号，无法和系统保持通信从而造成系统丢失。在这种情况下，通常可以观察到移动台会陷入较长时间的系统搜索状态，这是由于移动台无法很快在新的导频上重新初始化所致。造成移动台捕获失败的可能原因主要有搜索窗太小、前向干扰太大和移动台移出了系统覆盖区。如果导频强度比较高，则造成系统丢失的原因可能如下。

a. 导频相位污染。

如果导频相位分配不合理会导致来自不同小区的多径信号落入移动台的同一个搜索窗口内，致使移动台不能区分，从而不能成功解调目标信号。导频相位污染包括相同导频相位污染和相邻导频相位污染。

b. 寻呼信道增益太小。

寻呼信道的功率必须根据导频信道的功率大小来设置。如果寻呼信道的功率太小，则前向覆盖将受限于寻呼信道。

（2）移动台没有收到信道指配消息

这种情况表明没有到达接入过程的第 2 个里程碑（M2）。IS-95A 规定移动台只有 12s 的时间等待信道指配消息，若信道指配消息没有在规定的时间内到达，移动台会返回空闲状态。该 12s 的计时器称为 T42m。

1）基站已经发送了信道指配消息。

如果基站已经发送了信道指配消息，而移动台没有接收到，那么有可能是移动台在接入过程中发生了系统丢失并已经返回了空闲状态。移动台在空闲状态下拒绝接收上次呼叫的信道指配消息。若出现了这种现象，则说明移动台在接入过程中发生了系统丢失。关于系统丢失的原因已经前面讨论过。

2）基站没有发送信道指配消息。

如果基站没有发送信道指配消息，则有以下两种情况。

① 前一次呼叫没有拆链。

如果基站没有接收到移动台的链路释放消息或者在路由中丢失，交换机会在一段时间内认为移动台仍然处在通话状态。在这种情况下，若用户在结束通话之后很快发起第二次呼叫，则交换机不会为移动台分配第二条业务信道。

② 容量不足。

当基站不再有信道单元或者剩余的信道单元是为软切换预留的时候意味着资源已经用尽，基站将拒绝为移动台分配业务信道。这种情况应该属于呼叫阻塞。此时，基站向移动台发送 Intercept Order 或者 Re-Order Order，移动台将结束呼叫请求返回空闲状态。

（3）移动台没有成功获得前向业务信道

一旦接收到信道指配消息，移动台必须立刻获取前向业务信道。基站在前向业务信道上发送空业务帧来让移动台获得该信道。如果移动台在 200ms 内没能成功搜索到该信道，将放弃继续搜索。这种情况表明没有到达接入过程的第 3 个里程碑（M3）。这时还需要进一步查看移动台接收到的导频强度的大小。

1）导频强度 E_c/I_o 足够高。

如果导频强度 E_c/I_o 足够高，业务信道初始化失败，发生了系统丢失。原因可能是前向业务信道增益初始值设置太小或存在导频污染。

2）导频强度 E_c/I_o 比较低。

如果导频强度 E_c/I_o 比较低（例如，小于-15dB），那么有可能在接入过程中发生系统丢失。若在这个阶段发生了系统丢失，则计时器 T40m 不再使用，计时器 T50m 到期后要求移动台重新初始化，而不是返回空闲状态。关于系统丢失的原因前面已经讨论过。

（4）移动台没有收到反向业务信道确认消息

在移动台成功获取前向业务信道之后，开始在反向业务信道上发送业务信道导言（preamble）。基站成功获取反向业务信道后会在前向业务信道上发送确认消息。如果移动台在 2s（T51m）内没有收到该消息，将重新初始化。这种情况表明没有到达接入过程的第 4 个里程碑（M4）。此时需要收集基站日志数据进一步查看基站是否发送了该确认消息。

1）基站发送了确认消息。

如果基站日志显示基站发送了确认消息，则需进一步查看导频强度。这时的分析与（3）基本相同。

2）基站没有发送确认消息。

如果基站日志显示基站并没有发送确认消息，那么有可能存在以下问题。

① 导频搜索问题。

基站的反向业务信道搜索窗口有可能与接入信道的搜索窗口不同，业务信道搜索窗口太小可能会导致基站检测不到反向业务信道。

② 覆盖问题。

移动台可能已经移到了反向覆盖范围之外。

③ 功率控制问题。

外环功控不合理导致反向链路的发射功率不足。

（5）移动台没有收到业务连接消息

这种情况表明没有到达接入过程的第 5 个里程碑（M5）。此类失败原因的分析与掉话的原因分析方法相同。因为在这两种情况下移动台都处在业务信道上，闭环功控和切换都已处在激活状态。

5.3 任务实施

5.3.1 观察接入信令流程

1. 启动后台分析软件

启动 Pilot Navigator 软件，进入工作界面。

2. 导入测试数据

选择主菜单"编辑"→"打开数据文件"，打开"Open Data files"窗口。通过存储路径找到并选择要导入的数据文件"接入案例.rcu"，单击"打开"按钮完成导入。数据导入成功后，导航栏"Project"→"New_Project"→"DownLink Data Files"下面会增加项目"接入案例"→"CDMA2"。

3. 解码测试数据

用鼠标右键单击导航栏"Project"→"New_Project"→"DownLink Data Files"→"接入案例"→"CDMA2"，在弹出的菜单中选择"测试 Log"，完成数据解码。解码成功后，导航栏"Project"→"New_Project"→"DownLink Data Files"→"接入案例"→"CDMA2"前面会出现"+"。系统同时打开"Test Log"窗口，用于显示测试数据的具体内容。

4. 统计接入成功事件

用鼠标右键单击导航栏"Project"→"New_Project"→"DownLink Data Files"→"接入案例"→"CDMA2"→"Events→Call→Outing Call Established"，在弹出的菜单中选择"事件统计信息"，打开"Event Statistic Info"窗口，接入成功事件如图 5-9 所示。从图中可以看出，此次路测试过程中成功接入了 26 次。

Index	Time	Event Name	Event Point	Longitude	Latitude
1	14:30:39 536	Outgoing Call Es...	174	261.00000000	-480.00000000
2	14:31:14 390	Outgoing Call Es...	638	-1587.75164563	-835.04805146
3	14:31:47 737	Outgoing Call Es...	1090	274.81695000	-200.20725000
4	14:32:22 241	Outgoing Call Es...	1556	1698.71734589	219.15065993
5	14:32:56 743	Outgoing Call Es...	1926	2643.73384513	402.45012816
6	14:33:30 965	Outgoing Call Es...	2382	3452.70987500	944.87045000
7	14:34:37 997	Outgoing Call Es...	3122	3565.68447867	1289.23765403
8	14:37:46 063	Outgoing Call Es...	5676	3732.19597301	1340.68653672
9	14:38:21 177	Outgoing Call Es...	6118	2997.70674894	1215.14573830
10	14:39:08 352	Outgoing Call Es...	6765	3922.43377384	1355.44305359
11	14:39:43 987	Outgoing Call Es...	7219	3699.53695358	906.30572361
12	14:40:18 640	Outgoing Call Es...	7612	2961.91546623	987.92622848
13	14:41:25 170	Outgoing Call Es...	8559	3739.16395253	786.58745657
14	14:42:04 776	Outgoing Call Es...	9055	4177.66670000	1187.89218942
15	14:43:23 677	Outgoing Call Es...	9746	3484.55786390	336.69516390
16	14:43:57 641	Outgoing Call Es...	10193	2100.58758621	274.90200000
17	14:45:05 383	Outgoing Call Es...	10830	1641.46756923	1038.58373077
18	14:47:35 851	Outgoing Call Es...	11861	1559.92537692	33.57464038
19	14:48:09 241	Outgoing Call Es...	12306	1405.72097846	-636.86270000
20	14:48:42 595	Outgoing Call Es...	12722	2312.90778649	-596.95810054
21	14:49:16 410	Outgoing Call Es...	13148	4299.38715141	-654.19220423
22	14:49:57 567	Outgoing Call Es...	13766	1490.30286491	-862.98363684
23	14:50:31 500	Outgoing Call Es...	14179	-644.61001833	-502.71241222
24	14:51:05 951	Outgoing Call Es...	14619	-2153.23900571	-446.85337333
25	14:51:40 020	Outgoing Call Es...	15108	-2176.21532020	-793.77502121
26	14:52:13 972	Outgoing Call Es...	15493	-1486.58262329	-1549.70188219

图 5-9　接入成功事件

5. 观察接入成功信令流程

1) 用鼠标右键单击导航栏"Project"→"New_Project"→"DownLink Data Files"→"接入案例"→"CDMA2",在弹出的菜单中选择"信令窗口",打开信令窗口。

2) 用鼠标双击事件统计窗口中第二个事件"2 14:31:14:390 Outgoing Call Established",在信令窗口中观察并记录接入成功的信令流程,如表 5-3 所示。

表 5-3 接入成功的信令流程

时 间 戳	信令方向	消息名称	里程碑
14:31:13:148	UL	Origination	
14:31:13:480	DL	PCH Order->Base Station Acknowledgement	M1
14:31:13:720	DL	Extended Channel Assignment Message	M2
	DL	获得前向业务信道两个连续的好帧	M3
14:31:14:190	DL	FTC Order->Base Station Acknowledgement	M4
14:31:14:258	UL	RTC Order->Mobile Station Acknowledgement	
14:31:14:390	DL	Service Connect Message	M5
14:31:14:398	UL	Service Connect Completion Message	

6. 统计接入失败事件

用鼠标右键单击导航栏"Project"→"New_Project"→"DownLink Data Files"→"接入案例"→"CDMA2"→"Events"→"Call"→"Outgoing Blocked Call",在弹出的菜单中选择"事件统计信息",打开"Event Statistic Info"窗口,接入失败事件如图 5-10 所示。从图中可以看出,此次路测试过程中出现了 7 次接入失败。

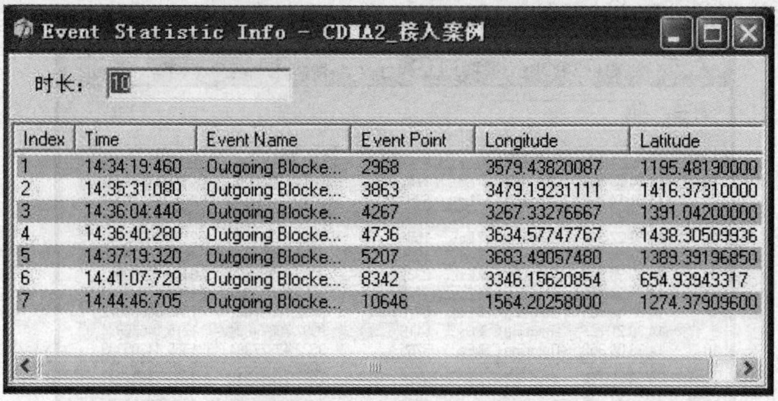

图 5-10 接入失败事件

7. 观察接入失败信令流程

1) 用鼠标右键单击导航栏"Project"→"New_Project"→"DownLink Data Files"→"接入案例"→"CDMA2",在弹出的菜单中选择"信令窗口",打开信令窗口。

2) 用鼠标双击事件统计窗口中的每个事件,在信令窗口中观察并记录接入失败的信令流程,如表 5-4 所示。

表 5-4   接入失败的信令流程

序 号	时间戳	失败位置	失败原因
1	14:34:19:460	未到达 M2	没有 Extended Channel Assignment Message
2	14:35:31:080	未到达 M2	没有 Extended Channel Assignment Message
3	14:36:04:440	未到达 M2	没有 Extended Channel Assignment Message
4	14:36:40:280	未到达 M2	没有 Extended Channel Assignment Message
5	14:37:19:320	未到达 M1	没有 PCH Order->Base Station Acknowledgement
6	14:37:07:720	未到达 M4	没有 FTC Order->Base Station Acknowledgement
7	14:44:46:705	未到达 M1	没有 PCH Order->Base Station Acknowledgement

5.3.2   分析接入失败案例

1. 接入失败案例 1: 没有完成空闲切换

（1）案例描述

在本次接入过程中，移动台在 2001/11/14 13:21:43.010 时起呼，最终在 2001/11/14 13:21:48.586 时接入失败，同步到新导频上。

① 从移动台起呼到重新同步的信令流程如表 5-5 所示。

表 5-5   接入失败案例 1 信令流程

时 间 戳	信令方向	消息序列号	信 道	消息描述
2001/11/14 13:21:43.010	M= =>B	（731）	AC	起呼消息
2001/11/14 13:21:43.122	B= =>M		PC	系统参数消息
2001/11/14 13:21:43.145	B= =>M		PC	通常寻呼消息
2001/11/14 13:21:43.163	B= =>M		PC	CDMA 信道列表消息
2001/11/14 13:21:43.202	B= =>M		PC	邻集列表消息
2001/11/14 13:21:43.225	B= =>M		PC	通常寻呼消息
2001/11/14 13:21:43.282	B= =>M		PC	系统参数消息
2001/11/14 13:21:43.303	B= =>M		PC	接入参数消息
2001/11/14 13:21:43.402	B= =>M	（300）	PC	指令消息
2001/11/14 13:21:43.443	B= =>M		PC	系统参数消息
……	……	……	……	……
2001/11/14 13:21:44.323	B= =>M		PC	邻集列表消息
信令详细内容	MSG_TYPE=0x3 PILOT_PN=273 CONFIG_MSG_SEQ=24 PILOT_INC=3 NGHBR_PN=102 NGHBR_PN=270 NGHBR_PN=438 NGHBR_PN=225 NGHBR_PN=18 NGHBR_PN=186 NGHBR_PN=120 NGHBR_PN=288 NGHBR_PN=456 NGHBR_PN=78 NGHBR_PN=141 NGHBR_PN=477 NGHBR_PN=150 NGHBR_PN=318 NGHBR_PN=486 NGHBR_PN=114 NGHBR_PN=282 NGHBR_PN=450 NGHBR_PN=27 NGHBR_PN=195 RESERVED=0			
2001/11/14 13:21:44.363	B= =>M	（320）	PC	信道指配消息
2001/11/14 13:21:44.366	B= =>M		PC	通常寻呼消息
2001/11/14 13:21:44.403	B= =>M		PC	系统参数消息
2001/11/14 13:21:48.586	B= =>M		SC	同步信道消息
信令详细内容	MSG_TYPE=1 P_REV=5 MIN_P_REV=2 SID=13824 NID=2 PILOT_PN=441 LC_STATE=0xe3d91e47 SYS_TIME=0x1e77812 LP_SEC=13 LTM_OFF=16 DAYLT=0 PRAT=0 CDMA_FREQ=201			

② 接入失败前后的信号强度变化曲线（案例1）如图 5-11 所示。

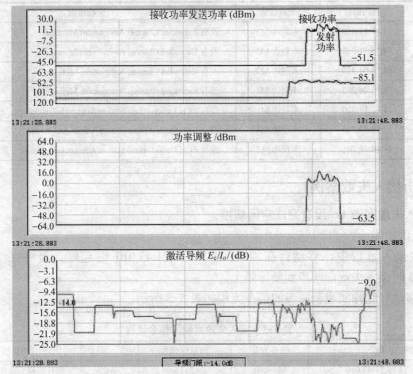

图 5-11　接入失败前后的信号强度变化曲线（案例1）

（2）案例分析

通过查看信令内容，可以发现在 13:21:43.010 时刻移动台在 PN 偏置为 273 的小区内起呼，在 13:21:43.402 移动台收到基站的证实，在 13:21:44.363 收到基站信道指配消息，在 13:21:48.586 移动台在另一个 PN 偏置为 441 的导频上初始化。查看此前基站发送的邻区列表消息可知，该导频不在原服务小区的邻区列表内。

由信号强度曲线图可以看出，在接入状态下，导频的 E_c/I_o 比较小（<-14.5dB）。另外，由信令流程可以看出呼叫到达里程碑 M2，信道指配消息有效，但在 T51m（2s）时间内未收到基站证实反向业务信道的消息。移动台在收到原基站寻呼信道消息（13:21:44.403）之后重新初始化到一个新导频上（13:21:48.586），初步确定为导频信道的问题。

移动台发出一次接入尝试消息就收到证实，证明反向链路没有问题，否则移动台会重复发送呼叫信息，因此只能是前向链路存在问题。移动台没有重新初始化到原导频，而是初始化到一个不在原小区邻区列表中的新导频上，说明可能是邻小区列表的设置有问题，移动台在接入开始之前没有完成空闲切换。

（3）优化建议

可以考虑优化邻区列表，但要注意邻区列表长度不能超过限制。

2．接入失败案例 2：接入参数设置不当

（1）案例描述

在这次接入过程中，移动台在 14:26:35.090 起呼，在 14:26:40.871 时同步到原导频上。

① 从移动台起呼到重新同步的信令流程如表 5-6 所示。

表 5-6　接入失败案例 2 信令流程

时　间　戳	信令方向	消息序列号	信　道	消息描述
2002/01/06 14:26:35.490	M= =>B	(7 3 1)	AC	起呼消息
……	……	……	……	……
2002/01/06 14:26:35.550	M= =>B	(7 3 1)	AC	起呼消息
……	……	……	……	……
2002/01/06 14:26:36.090	M= =>B	(7 3 1)	AC	起呼消息
……	……	……	……	……
2002/01/06 14:26:36.810	M= =>B	(7 3 1)	AC	起呼消息
……	……	……	……	……
2002/01/06 14:26:37.530	M= =>B	(7 3 1)	AC	起呼消息
……	……	……	……	……
2002/01/06 14:26:38.250	M= =>B	(7 3 1)	AC	起呼消息
……	……	……	……	……
2002/01/06 14:26:38.790	M= =>B	(7 3 1)	AC	起呼消息
……	……	……	……	……
2002/01/06 14:26:39.330	M= =>B	(7 3 1)	AC	起呼消息
……	……	……	……	……
2002/01/06 14:26:39.870	M= =>B	(7 3 1)	AC	起呼消息
……	……	……	……	……
2002/01/06 14:26:40.871	B= =>M		SC	同步信道消息

② 接入失败前的"接入参数消息"内容如表 5-7 所示。

表 5-7　接入失败前的"接入参数消息"内容

时　间　戳	信令方向	消息序列号	信　道	消息描述
2002/01/06 14:26:35.265	B= =>M		PC	接入参数消息
信令详细内容	MSG_TYPE=0x2　　PILOT_PN=285　　ACC_MSG_SEQ=39　　NOM_PWR=3 PWR_STEP=5　　NUM_STEP=2　　MAX_CAP_SZ=3　　PAM_SZ=2 …… ACC_TWO=1　　PROBE_BKOFF=0　　BKOFF=0　　MAX_REQ_SEQ=3			

③ 接入失败前后的信号强度变化曲线（案例 2）如图 5-12 所示。

（2）案例分析

寻呼信道发射的接入参数中列出了允许的最大接入探测序列（MAX_REQ_SEQ=3）和每个序列允许的最大探测次数（NUM_STEP+1=3），移动台总共发出 9 次接入探测，达到了允许的最大探测次数，但所有的探测都未得到证实。

在整个接入过程中，导频 E_c/I_o 一直很高，说明前向链路没有问题。移动台一直能收到寻呼信道消息且接收功率很高这个事实也可以证实这一点。如果基站发了接入证实消息，那么移动台应该至少能收到一个。

移动台接入探测达到最大次数及发射功率较低说明很可能是接入参数设置得不合理。

（3）优化建议

适当调整接入参数 NUM_STEP、PWR_STEP 和 MAX_REQ_SEQ，增加移动台接入请求被基站识别的概率。

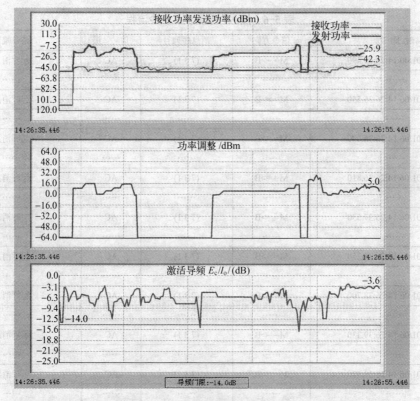

图 5-12 接入失败前后的信号强度变化曲线（案例 2）

5.4 验收评价

5.4.1 任务实施评价

"观察分析接入数据"任务评价表如表 5-8 所示。

表 5-8 "观察分析接入数据"任务评价表

任务 5 观察分析接入数据					
班级			小组		
评价要点	评价内容		分值	得分	备注
基础知识（40 分）	明确工作任务和目标		5		
	接入失败定义		5		
	接入信令流程		5		
	接入试探的种类		5		
	接入探针和探针序列		5		
	接入参数		5		
	接入定时器		5		
	接入里程碑		5		

任务 5　观察分析接入数据

班级		小组		
评价要点	评价内容	分值	得分	备注
任务实施 （50 分）	观察接入信令流程	25		
	分析接入失败案例	25		
操作规范 （10 分）	按规范操作，防止损坏仪器仪表	5		
	保持环境卫生，注意用电安全	5		
合计		100		

5.4.2　思考与练习题

1. 什么是接入和接入失败？
2. 简述 CDMA 系统中话音业务主呼信令流程。
3. 简述 CDMA 系统中话音业务被呼信令流程。
4. CDMA 系统中接入试探分为哪两类？
5. 简述主要接入参数的作用和设置思路。
6. CDMA 系统中有哪些接入定时器？它们的作用是什么？
7. 简述典型的接入事件序列。
8. CDMA 系统中的接入里程碑出现在什么时候？
9. 简述接入里程碑与接入定时器的关系。
10. 分析接入失败过程的各个阶段。

任务 6　观察分析切换数据

【学习目标】

◇ 了解软切换的概念和分类。

◇ 掌握导频集和切换参数。

◇ 掌握软切换的信令和过程。

◇ 使用分析软件观察软切换信令流程。

◇ 运用信令分析软切换失败案例。

6.1　任务描述

切换处理是蜂窝系统移动性管理的主要内容之一，切换成功率是评估 CDMA 系统性能的重要指标。通常，通过信令分析判断导致切换失败的直接原因并不困难，但要确定造成切换失败的深层原因还必须对测试数据进行仔细的分析。本任务使用后台分析软件对切换案例数据进行分析，通过案例总结切换失败产生的原因和优化方法，"观察分析切换数据"任务说明如表 6-1 所示。

表 6-1　"观察分析切换数据"任务说明

工作内容	观察软切换信令流程	分析软切换失败案例
业务类型	中国电信 CDMA 2000 话音业务	中国电信 CDMA 2000 话音业务
硬件设备	测试计算机	测试计算机
软件工具	Pilot Navigator	Pilot Navigator
备用资料	切换测试数据文件	电子地图、基站信息、测试数据文件

6.2　知识准备

6.2.1　软切换的概念和分类

1. 软切换的概念

软切换是指移动台在从一个基站覆盖区域移向另一个基站时，开始与目标基站通信但不中断与当前提供服务的基站之间的通信。软切换可以同时与 3 个基站保持通信，移动台合并从每个基站发送来的信号帧。

2. 软切换分类

1）原小区和目标小区属于同一个 BSC，来自不同 BTS 的信号被送至 BSC 选择器，选择最佳路由并完成话音编解码。

2）原小区和目标小区属于同一个 MSC 中的不同 BSC，来自不同 BTS 的信号经 BSC 被送到 MSC，选择最佳路由并完成话音编解码。

3）属于同一个 BTS 的两个扇区之间的软切换称为更软切换。更软切换是由 BTS 完成的，并不通知 BSC。

6.2.2 导频集和切换参数

1. 导频集

移动台是根据各个基站导频信号的强度来决定是否要进行切换的。为了根据导频信号强度对各个基站进行有效管理，在移动台中引入了导频集的概念。移动台中有 4 个存储器（导频集），用于存储短 PN 码的偏移序号，关机后清零，开机后从系统获取信息，可以在切换期间由基站更新。

（1）导频集的分类

① 有效导频集（A 集）：分配给移动台且与当前前向业务信道相关的导频集合（最多包含 6 个导频）。

② 候选导频集（C 集）：当前不在有效导频集里，有足够强度且与之对应基站的前向业务信道可以被成功解调的导频集合（最多包含 5 个导频）。

③ 相邻导频集（N 集）：当前不在有效导频集或候选导频集里，但根据某种算法可能进入候选导频集的导频集合（最多包含 20 个导频）。

④ 剩余导频集（R 集）：当前系统中 CDMA 载频上的所有其他可能导频。

（2）导频集的初始化

导频集的初始化如图 6-1 所示。

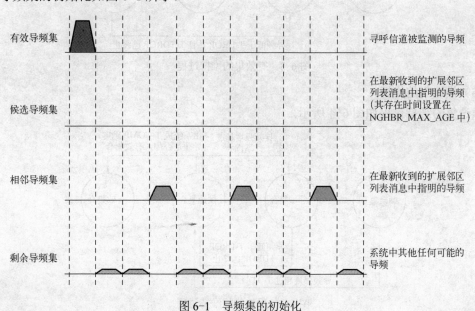

图 6-1　导频集的初始化

（3）导频集的更新（处于通话状态）

通话状态下导频集的更新过程如图 6-2 所示。

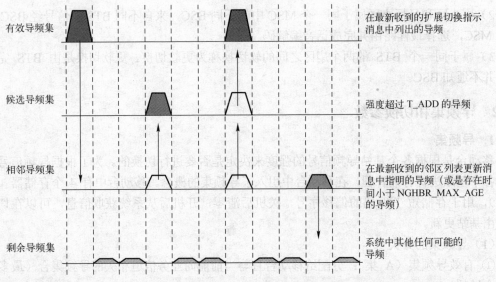

图 6-2　通信状态下导频集的更新过程

右侧文字标注：
- 有效导频集：在最新收到的扩展切换指示消息中列出的导频
- 候选导频集：强度超过 T_ADD 的导频
- 相邻导频集：在最新收到的邻区列表更新消息中指明的导频（或是存在时间小于 NGHBR_MAX_AGE 的导频）
- 剩余导频集：系统中其他任何可能的导频

（4）有效集的维持

有效集的维持过程如图 6-3 所示。

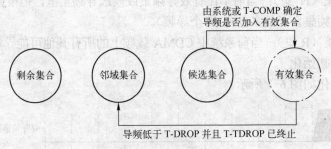

图 6-3　有效集的维持过程

（5）候选集的维持

候选集的维持过程如图 6-4 所示。

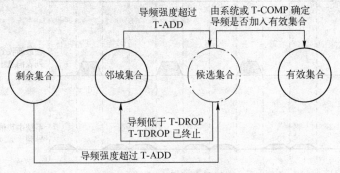

图 6-4　候选集的维持过程

2. 切换参数

（1）导频切换加门限（T_ADD）

T_ADD 是导频切换加门限。如果相邻集或者剩余集中一个导频的强度达到了 T_ADD，

MS 将该导频移入候选集，并发送 PSMM。T_ADD 必须足够小，才能保证很快加入一个有用的导频；但是 T_ADD 又必须足够大，才能防止无用的干扰导频的加入。

默认值：-13dB　　推荐值：-13dB　　范围：-31.5～0dB

（2）导频切换去门限（T_DROP）

T_DROP 和 T_TDROP 一起控制切换去。T_DROP 必须足够小，才能阻止一个强导频不会过早的退出有效集；但是又必须足够大，才能让一个弱导频很快地退出有效集或者候选集。

默认值：-15dB　　推荐值：-15dB　　范围：-31.5～0dB

（3）导频切换去定时器（T_TDROP）

T_DROP 和 T_TDROP 一起控制切换去。T_TDROP 必须大于建立一次切换的时间，防止乒乓切换；但是又必须足够小才能让无用的弱导频很快地切换过去。

默认值：3s　　推荐值：3s　　范围：0～15s

（4）有效集和候选集比较门限（T_COMP）

T_COMP 用来决定一个导频是否进入有效集。它的判断依据是"如果候选集的导频强度是否比有效集中最弱的导频还大 T_COMP"。

默认值：2.5dB　　推荐值：2.5dB　　范围：0～7.5dB。

3．导频搜索窗口

搜索窗的作用是确保 MS 能搜索到导频集中 PN 偏移的多径信号，导频搜索窗口如图 6-5 所示。

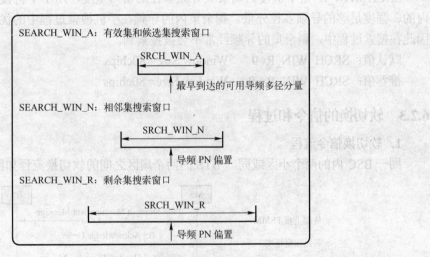

图 6-5　导频搜索窗口

当一个导频达到手机时，由于经过空中传播产生了延迟，手机可能无法识别该导频。因此，手机必须使用一个合理的延迟窗口来帮助它识别这个导频。手机用来识别导频的窗口宽度称为搜索窗口。搜索窗口设置过大，将会影响手机搜索导频的时间；搜索窗口设置过小，手机将无法搜索到时延过长的有用导频。搜索窗口设置值与实际窗口大小（码片数）的对应关系如表 6-2 所示。

表 6-2　搜索窗口设置值与实际窗口大小的对应关系

设置值	对应码片	设置值	对应码片	设置值	对应码片	设置值	对应码片
0	4	4	14	8	60	12	160
1	6	5	20	9	80	13	226
2	8	6	28	10	100	14	320
3	10	7	40	11	230	15	452

（1）有效集和候选集搜索窗口（SRCH_WIN_A）

SRCH_WIN_A 用于手机搜索有效集和候选集导频的多径。它必须足够大，才能保证手机能识别出达到的导频多径分量。

默认值：SRCH_WIN_A=6　　Window Size= 28chips

推荐值：SRCH_WIN_A=6　　Window Size= 28chips

（2）相邻集搜索窗口（SRCH_WIN_N）

SRCH_WIN_N 是手机搜索相邻集导频多径的窗口宽度。它必须足够大，才能保证手机搜索到相邻集中较强导频多径分量；但设置过大，会降低手机搜索速度并增加切换失败的风险。

默认值：SRCH_WIN_N=8　　Window Size= 60chips

推荐值：SRCH_WIN_N=8　　Window Size= 60chips

（3）剩余集搜索窗口（SRCH_WIN_R）

SRCH_WIN_R 是手机搜索剩余集导频多径的窗口宽度，用于手机搜索一个不在相邻集内的、强度足够的导频多径分量。剩余集内的导频在手机搜索过程中的优先级是非常低的，因此在搜索过程中，剩余集的导频经常不会被搜索到。

默认值：SRCH_WIN_R=9　　Window Size= 80chips

推荐值：SRCH_WIN_R= 9　　Window Size= 80chips

6.2.3　软切换的信令和过程

1. 软切换信令流程

同一 BSC 内的两个小区或同一 BTS 的两个扇区之间的软切换流程如图 6-6 所示。

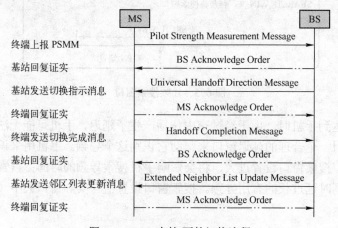

图 6-6　BSC 内软/更软切换流程

（1）导频强度测量消息（Pilot Strength Measurement Message，PSMM）

导频强度测量消息用于移动台向基站回报当前的无线环境，分为移动台主动发起和移动台被动发起两种。该消息会汇报参考导频和强度，以及除参考导频之外移动台搜索到的导频的相对相位和强度，并表示其使用意愿。

（2）通用切换指示消息（Universal Handoff Direction Message，UHDM）

通用切换指示消息用于基站指示移动台更新激活集，移动台必须按照该消息更新激活集。该消息会包含一个或多个同一频率下多个扇区的资源，用以手机更新。资源包括扇区 PN 以及扇区分配的对应 Walsh 码。此外，通用切换指示消息还包含一些与切换功控相关的参数。如果该消息仅包含一个扇区分配的资源，则这些参数为这个扇区的配置参数；如果该消息内包含多个同频扇区的资源，则这些参数为这若干个扇区参数的合并参数。该消息既可以用于软切换也可以用于硬切换。

（3）切换完成消息（Handoff Completion Message，HCM）

移动台通过切换完成消息向基站报告激活集的更新情况，用以在收到切换指示消息之后给基站一个确认，表明移动台已经按基站指示更新了激活集。

（4）扩展邻区列表更新消息（Extended Neighbor List Update Messag，ENLU）

基站侧使用扩展邻区列表更新消息帮助移动台在业务信道状态下更新相邻集，通常下发于基站收到通用切换完成消息之后。如果通用切换完成消息中只包含一个导频，那么该消息内包含的导频就是该扇区所配置的邻区列表；如果通用切换完成消息中包含多个导频，那么该消息内包含的导频就是这若干个扇区的合并邻区。

2. 软切换过程

IS-95A 的软切换过程如图 6-7 所示。CDMA 2000 系统中采用静态软切换门限时的软切换过程与此基本相同。

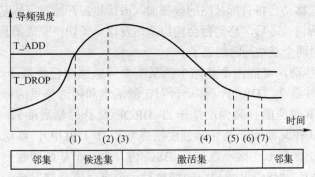

图 6-7　IS-95A 的软切换过程

1）当邻集或剩余集的某一个导频的强度超过 T_ADD 时，移动台会向基站发送导频强度测量消息，并且把该导频列入候选集。

2）基站向移动台发送切换指示消息或者扩展切换指示消息。

3）移动台将该导频列入激活集并且向基站发送切换完成消息。

4）当激活集中某一个导频的强度低于 T_DROP 时，它所对应的切换去掉计时器开始启动。

5）当切换去掉计时器期满时（导频强度低于 T_DROP 的持续时间超过 T_TDROP），移动台向基站发送导频强度测量消息。

6）基站向移动台发送切换指示消息或者扩展切换指示消息。

7）移动台将该导频移入候选集，并且向基站发送切换完成消息。

3. 软切换的种类和实现

（1）软切换的种类

软切换主要包括以下 3 种情况。

① 原小区和目标小区属于同一 MSC 中的不同 BSC，来自原小区和目标小区的信号都被送至 MSC 中，由选择器选择最佳的一路进行话音编解码。

② 原小区和目标小区属于同一 BSC，来自原小区和目标小区的信号都被送至 BSC 中，由选择器选择最佳的一路进行话音编解码。

③ 原小区和目标小区属于同一个 BTS 的两个扇区之间的更软切换。更软切换是由 BTS 完成的，并不通知 MSC 或 BSC。对于同一移动台而言，来自不同扇区天线的接收信号对基站来说相当于不同的多径分量，并被合成一个话音帧送至选择器，作为此基站的话音帧。

（2）软切换的实现过程

在进行软切换时，移动台首先搜索所有导频并测量它们的强度 E_c/I_o，当相邻集或剩余集中某个导频的强度大于特定值 T_ADD，或者候选集中某个导频的强度超过了激活集中某个导频的强度 T_COMP 时，移动台认为此导频的强度已经足够大，能够对其进行正确解调，但尚未与该导频对应基站（即目标基站）的前向业务信道相联系，它就向原基站发送一条导频强度测量消息，以通知原基站这种情况。如果目标小区和原小区不在同一 BSC 内，则原基站会将移动台的报告送往 MSC，MSC 则让目标基站安排一个前向业务信道给移动台，并且原基站发送一条切换指示消息或扩展切换指示消息指示移动台开始切换；如果目标小区和原小区在同一 BSC 内或是同一 BTS 的两个扇区，则原基站发送一条切换指示消息或扩展切换指示消息指示移动台开始切换，并不通知 MSC。当收到来自原基站的切换指示消息或扩展切换指示消息后，移动台将目标基站的导频加入激活集，开始对目标基站和原基站的前向业务信道同时进行解调。之后，移动台会向原基站发送一条切换完成消息，通知原基站自己已经根据命令开始对两个基站同时解调了。

随着移动台的移动，可能两个基站中的某一个导频强度已经低于 T_DROP，这时移动台启动切换去计时器 T_TDROP（移动台对在激活集和候选集里的每一个导频都有一个切换去计时器，与其对应的导频强度低于 T_DROP 时计时器启动）。当该切换去计时器 T_TDROP 超时后（在此期间，其导频强度始终低于 T_DROP），移动台发送导频强度测量信息。如果目标小区和原小区不在同一 BSC 内，则两个基站接收到导频强度测量信息后，将信息送至 MSC。MSC 返回相应的切换指示消息，原基站发送一条切换指示消息或扩展切换指示消息给移动台；如果目标小区和原小区在同一 BSC 内或是同一 BTS 的两个扇区，则不通知 MSC，原基站发送切换指示消息或扩展切换指示消息给移动台。移动台将切换去计时器超时的导频从激活集中去掉。此时移动台只与目前激活集中导频所代表的基站保持通信，同时会发一条切换完成消息告诉原基站切换已经完成。如果在切换去计时器 T_TDROP 尚未到期时，该导频的强度又超过了 T_DROP，则移动台会对计时器进行复位操作并关掉计时器。

移动台从基站 A 切换到基站 B 的软切换实现过程如表 6-3 所示。

表 6-3　移动台从基站 A 切换到基站 B 的软切换过程

移动台	信道	基站
用户与基站 A 通信		用户与基站 A 通信
导频 B 的强度超过 T_ADD		
发送导频强度测量消息	==>反向业务信道==>	基站 A 接收到导频强度测量消息 基站 B 开始在前向业务信道上发送业务并解调反向业务信道
接收到切换指示消息	<==前向业务信道<==	基站 A 发送包含 A 和 B 的切换指示消息
获得 B，开始使用激活集（A，B）		
发送切换完成消息	==>反向业务信道==>	基站 A 和基站 B 收到切换完成消息
用户与基站 A 和基站 B 通信		用户与基站 A 和基站 B 通信
A 的切换去掉计时器溢出		
发送导频强度测量消息	==>反向业务信道==>	A 和 B 接收到导频强度测量消息
停止分集合并，开始使用激活集（B）	<==前向业务信道<==	A 和 B 发送切换指示消息
发送切换完成消息	==>反向业务信道==>	A 和 B 接收到切换完成消息
		A 停止在前向业务信道上发送信号也不再接收移动台的反向业务
用户与基站 B 通信		用户与基站 B 通信

6.2.4　软切换失败分析

1. 软切换失败的典型情况

1）移动台发出导频强度测量消息，却没有收到基站的切换指示消息。

2）移动台收到基站的切换指示消息，却没有发送切换完成消息。

2. 寻找强导频的方法

在对软切换失败的情况进行分析时，需要仔细观察路测数据中服务小区导频强度 E_c/I_o 的变化情况。软切换失败导致掉话的一个重要标志是服务小区的 E_c/I_o 太低，而其他导频则很强。可从以下几方面寻找强导频。

1）在一个新的导频上重新初始化。移动台在导频 A 上发生系统丢失，然后很快在导频 B 重新初始化，说明导频 B 够强应该在此之前进行切换。

2）从邻集的搜索结果中可以看出比较强的导频。

3）从导频强度测量消息可以看出可用的较强导频。

4）通过对所有导频进行扫描可以看出强导频。

3. 引发软切换失败的原因

（1）资源分配问题

系统必须保证有足够的资源来支持软切换，但有可能所有的资源都用尽了，这时就会发生软切换失败。可能的原因包括 T_DROP 太低、T_TDROP 太大、切换允许算法有效性太差。

（2）切换信令问题

假设系统有可用资源而且切换允许算法没有对软切换造成干扰，那么软切换是否成功还依赖于切换信令消息是否及时发送和接收。

1）强可用导频没有被检测到。

当移动台检测到强的可用导频时会向基站报告，但是如果移动台不能及时检测到可用导频或者根本就没有检测到，那么切换就不会及时进行。强导频没有被检测到的可能原因如下。

① 搜索窗口太小，不能检测到所有强的多径。

② 加入门限问题。如果软切换加入门限设置太高，那么在移动台检测到可用导频时不会向基站报告。

③ 移动台的导频搜索速度太慢。在某一地点进行导频扫描可以检测到可用的导频，如果移动台并没有检测到这个导频，说明移动台的导频搜索过程可能太慢。影响移动台导频搜索速度的可能是系统参数，也可能是手机本身的问题。

④ 相邻导频集的搜索过程太慢。如果移动台没有及时检测到的可用导频存在于邻区列表消息中，那说明是相邻导频集的搜索速度太慢。

⑤ 相邻导频集管理问题。如果该导频没有列入邻区列表消息，那需要移动台从剩余导频集中来搜索。这样是不合理的，需要重新对该基站的邻区列表进行分析。将相邻的小区加入相邻集有一定的原则，如果出现这样的问题，说明需要重新检查该原则是否合理。一般来说邻区列表的长度不要超过 15，如果太长就会引起搜索速度的问题。导频搜索可用来辅助完成这项工作。

⑥ 导频搜索窗口太宽。

⑦ 导频偏移增量 PILOT_INC 太小。

⑧ 移动台的相邻导频集溢出。

2）反向链路恶化。

如果主服务小区的导频在不断变差，那么切换必须及时。否则基站可能因为反向链路迅速变差而无法收到导频强度测量消息，从而导致切换失败。

3）前向链路恶化。

如果前向链路变差，那么移动台可能接收不到切换指示消息，从而导致切换失败。

6.3 任务实施

6.3.1 观察软切换信令流程

1．启动后台分析软件

启动 Pilot Navigator 软件，进入工作界面。

2．导入测试数据

选择主菜单"编辑"→"打开数据文件"，打开"Open Data files"窗口。通过存储路径找到并选择要导入的数据文件"切换案例.rcu"，单击"打开"按钮完成导入。数据导入成功后，导航栏"Project"→"New_Project"→"DownLink Data Files"下面会增加项目"切换案例"→"CDMA2"。

3．解码测试数据

用鼠标右键单击导航栏"Project"→"New_Project"→"DownLink Data Files"→"切换案例"→"CDMA2"，在弹出的菜单中选择"测试 Log"，完成数据解码。解码成功后，导航栏"Project"→"New_Project"→"DownLink Data Files"→"切换案例"→"CDMA2"前

面会出现"+"。系统同时打开"Test Log"窗口，用于显示测试数据的具体内容。

4．统计软切换成功事件

用鼠标右键单击导航栏"Project"→"New_Project"→"DownLink Data Files"→"切换案例"→"CDMA2"→"Events"→"Handover"→"SoftHandoff Success"，在弹出的菜单中选择"事件统计信息"，打开"Event Statistic Info"窗口，软切换成功事件如图 6-8 所示。从图中可以看出，此次路测试过程中成功完成了 376 次软切换。

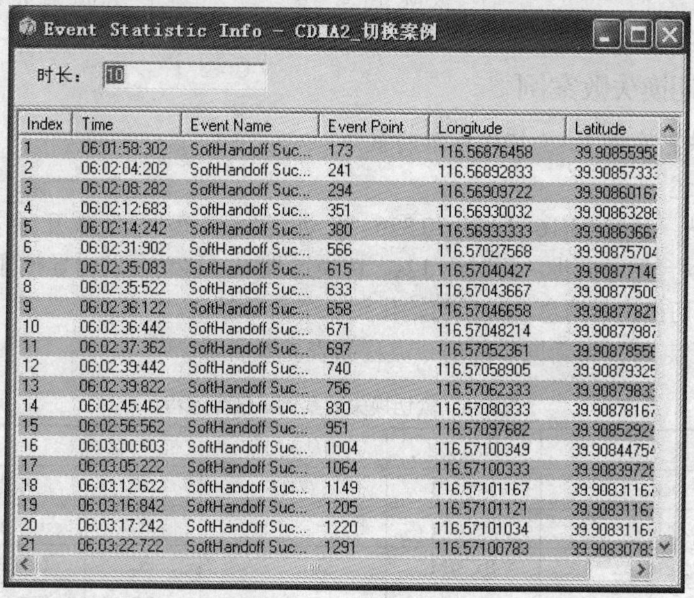

图 6-8　软切换成功事件

5．观察软切换信令流程

1）用鼠标右键单击导航栏"Project"→"New_Project"→"DownLink Data Files"→"接入案例"→"CDMA2"，在弹出的菜单中选择"信令窗口"，打开信令窗口。

2）用鼠标双击事件统计窗口中第二个事件"2　06:02:04:202　SoftHandoff Success"，在信令窗口中观察并记录软切换成功的信令流程，如表 6-4 所示。

表 6-4　软切换成功的信令流程

时 间 戳	信令方向	消息名称
06:02:03:422	MS	CDMA Polit Sets（双击查看导频集）
06:02:03:982	UL	Polit Strength Measurement Message
06:02:04:093	DL	FTC Order->Base Station Acknowledgement
06:02:04:113	DL	Universal Handoff Direction Message
06:02:04:122	UL	RTC Order->Mobile Station Acknowledgement
06:02:04:202	UL	Handoff Completion Message
06:02:04:253	DL	FTC Order->Base Station Acknowledgement
06:02:04:413	DL	Extended Neighbor List Update Message
06:02:04:522	UL	RTC Order->Mobile Station Acknowledgement
06:02:03:522	MS	CDMA Polit Sets（双击查看导频集）

6．观察并记录导频集变化

软切换操作分为切出和切入，观察并记录导频集在软切换前后的变化，如表 6-5 所示。

表 6-5　导频集的变化

切换时间	切换操作	切换前的导频集	切换后的导频集
06:02:04:202	切出	Active_set: 4，192，328 Neighbor_set:……	Active_set:4，328 Neighbor_set:192，……
06:02:08:282	切入	Active_set: 4，328 Candidate_set: 184	Active_set:4，184，328 Candidate_set:

6.3.2　分析软切换失败案例

1．软切换失败案例 1：无切换指示消息

（1）案例描述

本次呼叫从 2002/03/16 10:29:30.370 移动台发送起呼消息开始，至 2002/03/16 10:29:42.566 移动台重新同步，历时约 12s。切换过程中，移动台发出导频强度测量消息后始终未收到基站的切换指示消息，最后初始化到一个新导频上。

① 从移动台起呼到重新同步的信令流程如表 6-6 所示。

表 6-6　软切换失败案例 1 信令流程

时　间　戳	信令方向	消息序列号	信　道	消息描述
2002/03/16 10:29:30.370	M= =>B	(721)	AC	起呼消息
2002/03/16 10:29:30.423	B= =>M		PC	一般寻呼消息
2002/03/16 10:29:30.462	B= =>M		PC	系统参数消息
2002/03/16 10:29:30.563	B= =>M		PC	邻集列表消息
2002/03/16 10:29:30.602	B= =>M		PC	一般寻呼消息
2002/03/16 10:29:30.842	B= =>M	(210)	PC	信道指配消息
2002/03/16 10:29:31.425	B= =>M	(701)	FTC	指令消息
2002/03/16 10:29:31.450	M= =>B	(001)	RTC	导频强度测量消息
信令详细内容	MSG_TYPE=5　ACK_SEQ=0　MSG_SEQ=0　ACK_REQ=1　ENCRYPTION=0 REF_PN=348　PILOT_STRENGTH=27　KEEP=1 PILOT_PN_PHASE[0]=12　PILOT_STRENGTH[0]=13　KEEP=1　RESERVED=0			
2002/03/16 10:29:31.490	M= =>B	(000)	RTC	功率测量报告消息
2002/03/16 10:29:31.625	B= =>M	(000)	FTC	指令消息
2002/03/16 10:29:31.650	M= =>B	(010)	RTC	功率测量报告消息
2002/03/16 10:29:31.790	M= =>B	(020)	RTC	功率测量报告消息
2002/03/16 10:29:33.310	M= =>B	(030)	RTC	功率测量报告消息
2002/03/16 10:29:33.365	B= =>M	(011)	FTC	业务连接消息
2002/03/16 10:29:33.411	M= =>B	(111)	RTC	业务连接完成消息
2002/03/16 10:29:33.511	M= =>B	(121)	RTC	导频强度测量消息
信令详细内容	MSG_TYPE=5　ACK_SEQ=1　MSG_SEQ=2　ACK_REQ=1　ENCRYPTION=0 REF_PN=348　PILOT_STRENGTH=34　KEEP=0 PILOT_PN_PHASE[0]=12　PILOT_STRENGTH[0]=11　KEEP=0　RESERVED=0			
2002/03/16 10:29:33.605	B= =>M	(110)	FTC	指令消息
2002/03/16 10:29:33.651	M= =>B	(140)	RTC	功率测量报告消息
2002/03/16 10:29:33.811	M= =>B	(150)	RTC	功率测量报告消息

	时 间 戳	信令方向	消息序列号	信　道	消息描述
	2002/03/16 10:29:34.931	M= =>B	(160)	RTC	功率测量报告消息
	2002/03/16 10:29:34.971	M= =>B	(121)	RTC	导频强度测量消息
信令详 细内容	MSG_TYPE=5　ACK_SEQ=1　MSG_SEQ=2　ACK_REQ=1　ENCRYPTION=0 REF_PN=348　PILOT_STRENGTH=34　KEEP=0 PILOT_PN_PHASE[0]=12　PILOT_STRENGTH[0]=11　KEEP=1　RESERVED=0				
	2002/03/16 10:29:35.091	M= =>B	(170)	RTC	功率测量报告消息
	2002/03/16 10:29:35.711	M= =>B	(100)	RTC	功率测量报告消息
	2002/03/16 10:29:35.751	M= =>B	(121)	RTC	导频强度测量消息
信令详 细内容	MSG_TYPE=5　ACK_SEQ=1　MSG_SEQ=2　ACK_REQ=1　ENCRYPTION=0 REF_PN=348　PILOT_STRENGTH=34　KEEP=0 PILOT_PN_PHASE[0]=12　PILOT_STRENGTH[0]=11　KEEP=1　RESERVED=0				
	2002/03/16 10:29:35.943	B= =>M	(221)	FTC	状态请求消息
	2002/03/16 10:29:36.070	M= =>B	(210)	RTC	状态响应消息
	2002/03/16 10:29:36.111	M= =>B	(220)	RTC	功率测量报告消息
	2002/03/16 10:29:42.566	B= =>M		SC	同步信道消息
信令详 细内容	MSG_TYPE=1　P_REV=3　MIN_P_REV=2　SID=13824　NID=2　PILOT_PN=12　LC_STATE=0x1238349600438 SYS_TIME=8753512287　LP_SEC=13　LTM_OFF=16　DAYLT=0PRAT=0　CDMA_FREQ=283				

② 软切换失败前后的信号强度变化曲线（案例1）如图6-9所示。

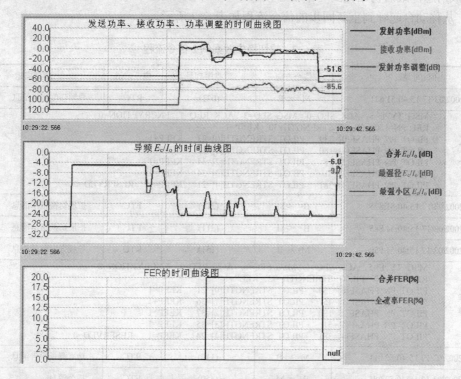

图6-9　软切换失败前后的信号强度变化曲线（案例1）

（2）案例分析

从信令上看，移动台发出了4条导频强度测量消息。第1条导频强度测量消息得到了基站的证实，但是其余 3 条始终未得到基站的证实。4 条导频强度测量消息都没有收到基站的切换指示消息。当前激活集导频切换计时器溢出，移动台掉话。移动台最后初始化到一个新导频（PN=12）上，此导频正是导频强度测量消息中提及需要切换的导频。

从信号强度曲线图上看，在切换过程中，前向导频 E_c/I_o 非常差，同时前向误帧率很高。移动台接收功率和发射功率比较正常，但是发射功率调整没有变化，说明前向业务信道非常差，移动台无法解调，所以进行开环功控。通话过程中，当前导频一直很差，候选导频 PN =12 一直很强，对当前导频造成干扰。

这些现象说明有可能由于前向业务信道太差，基站发了切换指示消息而移动台已经无法正确解调。

（3）优化建议

可以考虑改善无线覆盖，提高前向业务信道质量。

2．软切换失败案例 2：无切换完成消息

（1）案例描述

本次呼叫从 2002/03/17 15:39:11.730 移动台发送起呼消息开始，至 2002/03/17 15:40:56.195 移动台重新同步，历时约 105s。移动台在收到扩展切换指示消息后，却未发送切换完成消息，最后初始化到一个新导频上。

① 从移动台起呼到重新同步的信令流程如表 6-7 所示。

表 6-7　软切换失败案例 2 信令流程

时 间 戳	信令方向	消息序列号	信　道	消息描述
2002/03/17 15:40:51.631	M= =>B	(031)	RTC	导频强度测量消息
信令详细内容	MSG_TYPE=5　ACK_SEQ=0　MSG_SEQ=3　ACK_REQ=1　ENCRYPTION=0 REF_PN=150　PILOT_STRENGTH=30　KEEP=1 PILOT_PN_PHASE[0]=339　PILOT_STRENGTH[0]=23　KEEP=1 PILOT_PN_PHASE[1]=180　PILOT_STRENGTH[1]=37　KEEP=1 PILOT_PN_PHASE[2]=45　PILOT_STRENGTH[2]=34　KEEP=1 PILOT_PN_PHASE[3]=51　PILOT_STRENGTH[3]=34　KEEP=1 PILOT_PN_PHASE[4]=381　PILOT_STRENGTH[4]=21　KEEP=1　RESERVED=0			
2002/03/17 15:40:51.825	B= =>M	(211)	FTC	扩展切换指示消息
2002/03/17 15:40:51.885	B= =>M	(311)	FTC	扩展切换指示消息
2002/03/17 15:40:51.950	M= =>B	(151)	RTC	导频强度测量消息
信令详细内容	MSG_TYPE=5　ACK_SEQ=1　MSG_SEQ=5　ACK_REQ=1　ENCRYPTION=0 REF_PN=150　PILOT_STRENGTH=32　KEEP=1 PILOT_PN_PHASE[0]=339　PILOT_STRENGTH[0]=21　KEEP=1 PILOT_PN_PHASE[1]=45　PILOT_STRENGTH[1]=36　KEEP=1 PILOT_PN_PHASE[2]=180　PILOT_STRENGTH[2]=37　KEEP=1 PILOT_PN_PHASE[3]=51　PILOT_STRENGTH[3]=35　KEEP=1 PILOT_PN_PHASE[4]=381　PILOT_STRENGTH[4]=24　KEEP=1　RESERVED=0			
2002/03/17 15:40:52.011	M= =>B	(110)	RTC	功率测量报告消息
2002/03/17 15:40:52.085	B= =>M	(450)	FTC	指令消息
2002/03/17 15:40:52.145	B= =>M	(560)	FTC	指令消息
2002/03/17 15:40:52.245	B= =>M	(521)	FTC	相邻列表更新消息
2002/03/17 15:40:52.250	M= =>B	(161)	RTC	导频强度测量消息

时 间 戳	信令方向	消息序列号	信 道	消息描述
信令详 细内容	MSG_TYPE=5 ACK_SEQ=1 MSG_SEQ=6 ACK_REQ=1 ENCRYPTION=0 REF_PN=150 PILOT_STRENGTH=30 KEEP=1 PILOT_PN_PHASE[0]=339　　PILOT_STRENGTH[0]=23　　KEEP=1 PILOT_PN_PHASE[1]=45　　PILOT_STRENGTH[1]=35　　KEEP=1 PILOT_PN_PHASE[2]=180　　PILOT_STRENGTH[2]=37　　KEEP=1 PILOT_PN_PHASE[3]=51　　PILOT_STRENGTH[3]=29　　KEEP=1 PILOT_PN_PHASE[4]=381　　PILOT_STRENGTH[4]=26　　KEEP=1　　RESERVED=0			
2002/03/17 15:40:52.350	M= =>B	(230)	RTC	功率测量报告消息
2002/03/17 15:40:52.625	B= =>M	(770)	FTC	指令消息
2002/03/17 15:40:52.671	M= =>B	(350)	RTC	功率测量报告消息
2002/03/17 15:40:52.685	B= =>M	(000)	FTC	指令消息
2002/03/17 15:40:52.730	M= =>B	(361)	RTC	导频强度测量消息
信令详 细内容	MSG_TYPE=5 ACK_SEQ=3 MSG_SEQ=6 ACK_REQ=1 ENCRYPTION=0 REF_PN=150 PILOT_STRENGTH=30 KEEP=1 PILOT_PN_PHASE[0]=339　　PILOT_STRENGTH[0]=23　　KEEP=1 PILOT_PN_PHASE[1]=45　　PILOT_STRENGTH[1]=35　　KEEP=1 PILOT_PN_PHASE[2]=180　　PILOT_STRENGTH[2]=37　　KEEP=1 PILOT_PN_PHASE[3]=51　　PILOT_STRENGTH[3]=29　　KEEP=1 PILOT_PN_PHASE[4]=381　　PILOT_STRENGTH[4]=26　　KEEP=1　　RESERVED=0			
2002/03/17 15:40:52.785	B= =>M	(041)	FTC	相邻列表更新消息
2002/03/17 15:40:52.991	M= =>B	(470)	RTC	功率测量报告消息
2002/03/17 15:40:53.170	M= =>B	(461)	RTC	导频强度测量消息
信令详 细内容	MSG_TYPE=5 ACK_SEQ=4 MSG_SEQ=6 ACK_REQ=1 ENCRYPTION=0 REF_PN=150 PILOT_STRENGTH=30 KEEP=1 PILOT_PN_PHASE[0]=339　　PILOT_STRENGTH[0]=23　　KEEP=1 PILOT_PN_PHASE[1]=45　　PILOT_STRENGTH[1]=35　　KEEP=1 PILOT_PN_PHASE[2]=180　　PILOT_STRENGTH[2]=37　　KEEP=1 PILOT_PN_PHASE[3]=51　　PILOT_STRENGTH[3]=29　　KEEP=1 PILOT_PN_PHASE[4]=381　　PILOT_STRENGTH[4]=26　　KEEP=1　　RESERVED=0			
2002/03/17 15:40:53.365	B= =>M	(620)	FTC	指令消息
2002/03/17 15:40:53.530	M= =>B	(411)	RTC	导频强度测量消息
信令详 细内容	MSG_TYPE=5 ACK_SEQ=4 MSG_SEQ=1 ACK_REQ=1 ENCRYPTION=0 REF_PN=150　　　　　　PILOT_STRENGTH=31　　KEEP=1 PILOT_PN_PHASE[0]=339　　PILOT_STRENGTH[0]=21　　KEEP=1 PILOT_PN_PHASE[1]=45　　PILOT_STRENGTH[1]=43　　KEEP=1 PILOT_PN_PHASE[2]=381　　PILOT_STRENGTH[2]=29　　KEEP=1 PILOT_PN_PHASE[3]=18　　PILOT_STRENGTH[3]=37　　KEEP=1 PILOT_PN_PHASE[4]=51　　PILOT_STRENGTH[4]=31　　KEEP=1 RESERVED=0			
2002/03/17 15:40:53.631	M= =>B	(410)	RTC	功率测量报告消息
2002/03/17 15:40:53.725	B= =>M	(130)	FTC	指令消息
2002/03/17 15:40:54.111	M= =>B	(420)	RTC	功率测量报告消息
2002/03/17 15:40:54.430	M= =>B	(421)	RTC	导频强度测量消息
信令详 细内容	MSG_TYPE=5 ACK_SEQ=4 MSG_SEQ=2 ACK_REQ=1 ENCRYPTION=0 REF_PN=150　　　　　　PILOT_STRENGTH=27　　KEEP=1 PILOT_PN_PHASE[0]=339　　PILOT_STRENGTH[0]=28　　KEEP=1 PILOT_PN_PHASE[1]=45　　PILOT_STRENGTH[1]=41　　KEEP=0 PILOT_PN_PHASE[2]=381　　PILOT_STRENGTH[2]=30　　KEEP=1 PILOT_PN_PHASE[3]=51　　PILOT_STRENGTH[3]=27　　KEEP=1　　RESERVED=0			
2002/03/17 15:40:54.471	M= =>B	(430)	RTC	功率测量报告消息
2002/03/17 15:40:54.625	B= =>M	(240)	FTC	指令消息
2002/03/17 15:40:54.803	B= =>M	(251)	FTC	扩展切换指示消息
2002/03/17 15:40:54.811	M= =>B	(540)	RTC	指令消息
2002/03/17 15:40:54.850	M= =>B	(531)	RTC	切换完成消息
信令详 细内容	MSG_TYPE=10 ACK_SEQ=5 MSG_SEQ=3 ACK_REQ=1 ENCRYPTION=0 LAST_HDM_SEQ=3 PILOT_PN[0]=339 PILOT_PN[1]=150 RESERVED=0			

时 间 戳	信令方向	消息序列号	信 道	消息描述
2002/03/17 15:40:55.025	B= =>M	(350)	FTC	指令消息
2002/03/17 15:40:55.125	B= =>M	(361)	FTC	相邻列表更新消息
2002/03/17 15:40:55.191	M= =>B	(650)	RTC	指令消息
2002/03/17 15:40:55.245	B= =>M	(371)	FTC	扩展切换指示消息
信令详细内容	MSG_TYPE=17　　ACK_SEQ=3　　MSG_SEQ=7　　ACK_REQ=1　　ENCRYPTION=0 USE_TIME=0　　ACTION_TIME=0　　HDM_SEQ=0　　SEARCH_INCLUDED=1 SRCH_WIN_A=6　　T_ADD=26　　T_DROP=30　　T_COMP=6　　T_TDROP=2 HARD_INCLUDED=0　　ADD_LENGTH=0 PILOT_PN[0]=339　　PWR_COMB_IND[0]=0　　CODE_CHAN[0]=35 PILOT_PN[1]=150　　PWR_COMB_IND[1]=0　　CODE_CHAN[1]=8 PILOT_PN[2]=51　　PWR_COMB_IND[2]=0　　CODE_CHAN[2]=20　　RESERVED=0			
2002/03/17 15:40:55.251	M= =>B	(760)	RTC	指令消息
2002/03/17 15:40:55.465	B= =>M	(460)	FTC	指令消息
2002/03/17 15:40:55.505	B= =>M	(570)	FTC	指令消息
2002/03/17 15:40:55.565	B= =>M	(500)	FTC	指令消息
2002/03/17 15:40:56.195	B= =>M		SC	同步信道消息
信令详细内容	MSG_TYPE=1　　P_REV=3　　MIN_P_REV=2　　SID=13824　　NID=2　　PILOT_PN=51 LC_STATE=0x474382941973　　SYS_TIME=8754825708　　LP_SEC=13 LTM_OFF=16　　DAYLT=0　　PRAT=0　　CDMA_FREQ=283			

② 软切换失败前后的信号强度变化曲线（案例2）如图6-10所示。

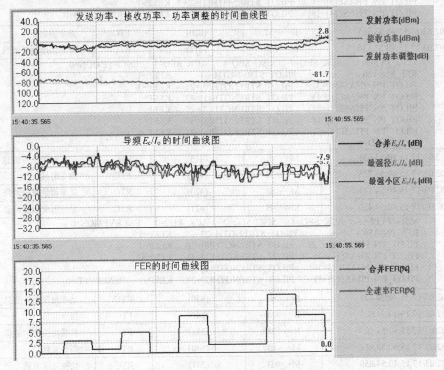

图6-10　软切换失败前后的信号强度变化曲线（案例2）

（2）案例分析

从信令上看，移动台完成最后一次切换时激活集的导频是 PN=339 和 PN=150。而后，收到一条扩展切换指示消息，指示新的激活集成员为 PN=339、 PN=150 和 PN=51。但移动台没有发送切换完成消息，发生掉话并同步到 PN=51。

从信号强度曲线图上看，在掉话的前一段时间，移动台的接收功率和发射功率比较正常，前向导频 E_c/I_o 偏低，误帧率偏高。

从移动台掉话前发出的多条导频强度测量消息可以看出来，PN=51 的导频在移动台掉话前强度比较弱，所以移动台可能没有解调出目标基站（PN=51）的前向业务信道，因此无法发送切换完成消息，导致切换失败。当前导频的前向业务信道较差，最终导致掉话。

（3）优化建议

可以考虑改善无线覆盖，提高前向业务信道质量。

6.4 验收评价

6.4.1 任务实施评价

"观察分析切换数据"任务评价表如表 6-8 所示。

表 6-8 "观察分析切换数据"任务评价表

任务 6 观察分析切换数据

班级		小组		
评价要点	评价内容	分值	得分	备注
基础知识 （40 分）	明确工作任务和目标	5		
	软切换的概念和分类	5		
	导频集的分类	5		
	切换参数	5		
	导频搜索窗口	5		
	软切换信令流程	5		
	软切换过程	5		
	软切换失败分析	5		
任务实施 （50 分）	观察软切换信令流程	25		
	分析软切换失败案例	25		
操作规范 （10 分）	按规范操作，防止损坏仪器仪表	5		
	保持环境卫生，注意用电安全	5		
合计		100		

6.4.2 思考与练习题

1. 什么是软切换？

2. 软切换有哪些类型？

3. 简述各类导频集中所含导频的范围和数量。

4. 简述切换参数 T_ADD、T_DROP、T_TDROP 和 T_COMP 的作用。

5. 什么导频搜索窗口？它有什么作用？

6. 导频搜索窗口有哪些种类？如何设置其大小？

7. 简述软切换信令流程。

8. 简述目标小区和厚小区不在同一 BSC 内的软切换过程。

9. 简述信令 PSMM、UHDM、HCM 和 NLU 的作用。

10. 分析软切换失败的原因。

任务7　测试 FTP 下载业务

【学习目标】
◇ 了解数据业务测试方法和数据采集要求。
◇ 熟悉 1x EV-DO 协议与物理层技术。
◇ 掌握 1x EV-DO 空中接口关键技术。
◇ 了解 1x EV-DO 数据业务流程。
◇ 测试 FTP 数据下载业务并查看结果。

7.1　任务描述

随着移动终端设备的智能化和移动互联网的不断发展，数据业务在移动系统中的重要性越发突出。数据业务的测试和优化已成为移动网络服务质量评估的重要内容。本次任务要完成室内文件传输协议（File Transfer Protocol，FTP）数据下载业务的测试工作，"测试 FTP 下载业务"任务说明如表 7-1 所示。

表 7-1　"测试 FTP 下载业务"任务说明

工作内容	测试 FTP 数据下载业务	查看 FTP 数据下载结果
业务类型	中国电信 CDMA 2000 数据业务	中国电信 CDMA 2000 数据业务
测试方式	定点路测	
测试地点	学校实训楼教室内	学校实训楼教室内
硬件设备	测试计算机、3G 无线上网卡（代替手机）	测试计算机
软件工具	Pilot Pioneer	Pilot Pioneer

7.1.1　数据业务测试方法

1. FTP 数据业务 DT 测试规范

（1）测试时间

必须安排在工作日（周一至周五）9：00～12：00，14：00～18：00 进行。新疆和西藏的测试时间由于时差延后 2h。

（2）测试范围

测试范围主要包括城区主干道、商业密集区道路（商业街）、住宅密集区道路、学院密集区道路、机场路、环城路、沿江两岸、城区内主要桥梁、隧道、地铁和城市轻轨等。要求测试路线尽量均匀覆盖整个城区主要街道，并且尽量不重复。

（3）测试速度

在城区保持正常行驶速度；在城郊快速路车速应尽量保持在 60～80km/h，不限制最高车速。

（4）测试步骤

将 1x EV-DO 终端和路测设备放置在车内后座，测试终端设置为 EV-DO ONLY 模式。

具体测试步骤如下。

① 在指定 PDSN 侧提供一个 FTP 服务器，要求 FTP 服务器支持断点续传，提供用户下载、上传权限并打开 ping 功能。

② 通过测试软件控制 1x EV-DO 测试终端以拨号方式建立一个 PPP 连接。利用测试软件中的内置 FTP 的 get 命令，从 FTP 服务器下载一个足够大的文件（1GB 以上），当文件下载 5min 后，停止下载，保持拨号连接不断开，间隔 15s 继续下一次下载。行驶期间测试不中断，循环进行。记录循环下载的总时间和总数据量以及每秒的瞬时速率。

③ 通过测试软件控制 1x EV-DO 测试终端以拨号方式建立一个 PPP 连接。利用测试软件中的内置 FTP 的 put 命令，循环上传一个足够大的文件（1GB 以上）到 FTP 服务器，当文件上传 5min 后，停止上传，保持拨号连接不断开，间隔 15s 继续下一次上传。行驶期间循环测试不中断，循环进行。记录循环上传的总时间和总数据量以及每秒的瞬时速率。

④ 上传、下载分别在两部终端同时进行测试，当发生拨号连接异常中断后，应间隔 15s 后重新发起连接。

⑤ 如果测试过程中超过 3min 没有任何 FTP 数据传输，且尝试 ping 后数据链路仍不可使用，则需要断开拨号连接并重新拨号来恢复测试，并记为分组业务掉话。

⑥ 测试过程中 FTP 服务器登录失败，应间隔 2s 后重新登录。连续 10 次登录失败，应断开连接，间隔 15s 后重新进行测试。

⑦ FTP 吞吐率采用 3 线程进行测试，按要求设置系统 TCP/IP 参数。

⑧ 测试 1x EV-DO 网络的同时，可在同一车内采用相同方法在公网 FTP 服务器上测试 WCDMA 及 TD-SCDMA 网络质量，要求 WCDMA 及 TD-SCDMA 的终端均锁定在 3G 模式。

2. FTP 数据业务 CQT 测试规范

（1）测试时间

必须安排在工作日（周一至周五）9：00～12：00，14：00～18：00 进行。新疆和西藏的测试时间由于时差延后 2h。

（2）测试范围

测试点在业务量相对较高的区域、品牌区域、市场竞争激烈区域、特殊重点保障区域内选取。地理上尽可能均匀分布，场所类型尽量广。重点选择有典型意义的大型写字楼、大型商场、大型餐饮娱乐场所、大型住宅小区、高校、交通枢纽和人流聚集的室外公共场所等。测试选择的住宅小区、高层建筑入住率大于 20%，商业场所营业率应大于 20%。测试选择的相邻建筑物相距 100m 以上。

（3）测试方法

先将测试终端设置为 EV-DO ONLY 模式。每个 CQT 采样点测试前，要连续检查终端空闲状态下的信号强度 5s，若 1x EV-DO 终端的信号强度不满足连续的 SINR（即 C/I）＞-6dBm 和终端接收功率≥-90dBm，记录该采样点为无覆盖；不进行测试，也不进行补测。若该采样点覆盖符合要求，则开始进行测试。WCDMA 及 TD-SCDMA 网络的覆盖情况（WCDMA 的覆盖判断条件为连续 5s RSCP＞-94dBm 和 Ec/Io＞-12dB；TD-SCDMA 的覆盖判断条件为连续 5s RSCP＞-94dBm 和 C/I＞-3dB）由后台分析软件自动统计及筛选有效覆盖数据，测试人员无须判断。1x EV-DO 具体测试步骤如下。

① 在指定 PDSN 侧提供一个 FTP 服务器，要求 FTP 服务器支持断点续传，提供用户下

载、上传权限并打开 ping 功能。

② 通过测试软件控制 1x EV-DO 测试终端以拨号方式建立一个 PPP 连接。利用测试软件中内置 FTP 的 get 命令，从 FTP 服务器下载一个足够大的文件（1GB 以上），当文件下载 5min 后，断开 PPP 连接，等待 15s，重新进行下一次下载，记录下载的总时间和总数据量。

③ 通过测试软件控制 1x EV-DO 测试终端以拨号方式建立一个 PPP 连接。利用测试软件中内置 FTP 的 put 命令，从本地上传一个足够大的文件（1GB 以上）到 FTP 服务器，当文件上传 5min 后，断开 PPP 连接，等待 15s，重新进行下一次上传，记录上传总时间和总数据量。

④ 对每个 CQT 采样点，下载测试完成后进行上传测试，共进行两次下载、上传测试；当发生拨号连接异常中断后，应间隔 15s 后重新发起连接。

⑤ 如果测试过程中超过 3min 没有任何 FTP 数据传输，且尝试 ping 后数据链路仍不可使用，则需要断开拨号连接并重新拨号来恢复测试，并记为分组业务掉话。

⑥ 测试过程中 FTP 服务器登录失败，应间隔 2s 后重新登录。连续 10 次登录失败，应断开连接，间隔 15s 后重新进行测试。

⑦ FTP 吞吐率采用 3 线程进行测试，按要求设置系统 TCP/IP 参数。

⑧ 在测试 1x EV-DO 网络的同时，采用相同方法在公网 FTP 服务器上测试 WCDMA 及 TD-SCDMA 网络质量，要求 WCDMA 及 TD-SCDMA 的终端均锁定在 3G 模式。

7.1.2 数据采集和记录的要求

针对每个城市，在测试结束前必须完成规定的测试项目，并采集和记录相关数据。测试结束前应检查数据的完整性和准确性，在确定数据完整、准确并完成编号归档后方可结束当地的测试活动。采集的数据必须包括但不限于以下资料。

1. DT 测试数据资料

（1）DT 测试统计表

① 测试时间、测试城市、测试人和测试历时。

② 话音业务：呼叫尝试次数、接通次数、掉话次数、覆盖率（里程覆盖率）、接通率、掉话率（里程掉话比）、话音质量分布和平均呼叫建立时延。

③ 数据业务：下行 FTP 吞吐率和上行 FTP 吞吐率。

（2）DT 测试采集的原始数据包

① 测试时间、测试城市、测试人、测试路线（包括经纬度信息）、测试终端类型和测试终端号码。

② 话音业务：接通、呼叫失败、掉话、切换、登记、异常呼叫和挂机等事件信息，测试全程话音数据，平均呼叫建立时延。

③ 数据业务：分组业务建立成功、分组业务建立失败和分组业务掉话等事件信息，平均分组业务建立时延、下行 FTP 吞吐率和上行 FTP 吞吐率。

2. CQT 测试数据资料

（1）CQT 测试统计表

① 测试时间、测试城市、测试人、测试点数量、采样点数量和历时。

② 话音业务：覆盖率、呼叫次数、接通次数、掉话次数、接通率、掉话率、话音质量分布和平均呼叫建立时延。

③ 数据业务：分组业务连接尝试次数、分组业务建立成功次数、分组业务掉话次数、分组业务建立成功率、分组业务掉话率、平均分组业务建立时延、下行 FTP 吞吐率和上行 FTP 吞吐率。

（2）CQT 测试采集的原始数据包

① 测试时间、测试城市、测试人、测试点地址（包括经纬度信息）、测试楼层、采样点位置、采样点类型（室内、室外）、测试终端类型、测试终端号码和采样点可用性。

② 话音业务：接通、呼叫失败、掉话、切换、登记、异常呼叫和挂机等事件信息，测试全程话音数据、平均呼叫建立时延。

③ 数据业务：分组业务建立成功、分组业务建立失败和分组业务掉话等事件信息，平均分组业务建立时延、下行 FTP 吞吐率和上行 FTP 吞吐率。

7.2 知识准备

7.2.1 1x EV-DO 系统概述

1. IS-95 向 CDMA 2000 的演进

CDMA 技术因其保密性能好，抗干扰能力强而被广泛应用于军事通信领域，早在 20 世纪 40 年代就做过商用尝试。经过了 40 多年的努力，克服了一个又一个的关键技术问题，直到 1995 年由美国 Qualcomm 公司开发的 CDMA 蜂窝体制被采纳为北美数字蜂窝标准，定名为 IS-95，CDMA 蜂窝移动通信系统才正式走入了商业通信市场。随着移动通信的发展，IS-95 系统逐步被 CDMA 2000 系统取代，IS-95 向 CDMA 2000 演进的过程如图 7-1 所示，其中空中接口系列标准包括 CDMA 2000 1x、1x EV-DO 和 1x 演进数据话音（Evolution Data Voice，EV-DV）。

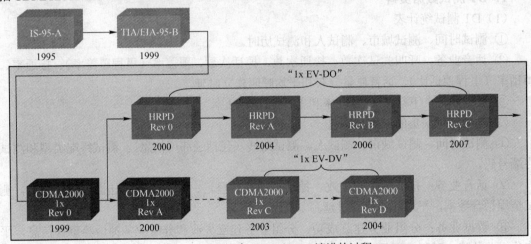

图 7-1   IS-95 向 CDMA 2000 演进的过程

CDMA 2000 1x 完全后向兼容 IS-95，其核心网部分增加了分组域以支持较高速率的分组数据业务；空中接口使用了前向快速功率控制、反向信道相干解调、快速寻呼和 Turbo 码等关键技术，目的是改善无线传送的质量，提高频谱效率及系统容量。CDMA 2000 1x 具有 3G 系统的部分功能，可以从 IS-95 进行平滑升级，两者商用时间之间的间隔不太长，业界有时也将 CDMA 2000 1x 作为 2.5G 系统看待。目前，CDMA 2000 1x 已经发展出 CDMA 2000

Release 0、Release A、Releas B、Release C 和 Release D 5 个版本。商用较多的是 Release 0 版本，部分运营网络引入了 Release A 的一些功能，Release B 作为中间版本被跨越，1x EV-DV 对应于 CDMA 2000 Release C 和 Release D。其中，Release C 增加了前向高速分组传送功能，Release D 增加了反向高速分组传送功能。

1x EV-DO 是一种专为高速分组数据传送而优化设计的 CDMA 2000 空中接口技术，已经发展出 Release 0 和 Release A 两个版本。其中，Release 0 版本可以支持非实时、非对称的高速分组数据业务；Release A 版本可以同时支持实时、对称的高速分组数据传送。1x EV-DO 利用独立的载波提供高速分组数据业务，可以单独组网，也可与 CDMA 2000 1x 混合组网，以弥补后者在高速分组数据业务提供能力上的不足。

1x EV-DV 是对 CDMA 2000 1x 技术标准的继承和发展，它继承了 CDMA 2000 1x 的网络结构，使用与 CDMA 2000 1x 相同的频段。其主导思想是在 CDMA 2000 1x 载波基础上提升前向和反向分组传送的速率，提供业务服务质量（Quality of Service，QoS）保证。1x EV-DV 是 CDMA 2000 的一种扩展，在一个载频上同时支持话音和高速分组数据业务，其话音容量和数据容量较 1x 和 1x EV-DO 都高。尽管如此，1x EV-DV 距离真正商用还有很长一段距离。1x EV-DO 的 Release A 版本能够保证高效的 QoS，并在此基础之上提供诸如网络电话（Voice over Internet Protocol，VoIP）之类的实时业务，且标准比 1x EV-DV 简单。因此，国际上越来越多的主流 CDMA 2000 运营商选择了 1x EV-DO。

2．1x EV-DO 与 IS-95/1x 的兼容性

1x EV-DO 与 IS-95/1x 使用的载频不同，但频带宽度仍为 1.25MHz，1x EV-DO 与 IS-95/1x 的频谱如图 7-2 所示。它们可共用现有的基站、铁塔和天线，无须对现有网络配置做任何改动。

3．CDMA 2000 1x 向 1x EV-DO 的演进

1x EV-DO 利用独立的载波提供高速分组数据业务，它可以单独组网，也可以与 CDMA 2000 1x 混合组网以弥补后者在高速分组数据业务提供能力上的不足。

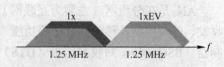

图 7-2　1x EV-DO 与 IS-95/1x 的频谱

1）从技术特点上看，1x EV-DO 前向链路采用了多种优化措施以提高数据吞吐量和频谱利用率，前向链路峰值速率可以达 2.4Mbit/s；反向链路设计与 CDMA 2000 1x 有许多共同点，反向链路速率与 CDMA 2000 1x 相同。

2）从网络结构上看，1xEV-DO 与 CDMA 2000 1x 的无线接入网在逻辑功能上是相互独立的，分组核心网可以共用，这样既实现了高速分组数据业务的重点覆盖，又不会对 CDMA 2000 1x 网络和业务造成明显影响。

3）从系统覆盖上看，CDMA 2000 1x 前反向链路是对称的，1x EV-DO 虽然前反向速率不对称，但是链路预算与 CDMA 2000 1x 相差不多。CDMA 2000 1x 系统覆盖的许多特性可以作为 1x EV-DO 网络规划和优化的参考。

4）从网络规划上看，1x EV-DO 与 CDMA 2000 1x 可以共站址、天线和天馈系统。在天馈设计、PN 规划和邻区规划方面，1x EV-DO 与 CDMA 2000 1x 基本一致。1x EV-DO 利用独立的载频提供高速分组数据业务，有助于降低 CDMA 2000 1x 网络之间的互干扰。

5）从业务互补性看，1x EV-DO 可以作为高速分组数据业务的专用网，CDMA 2000 1x 提供话音和中低速分组数据业务。同时，利用 CDMA 2000 1x 网络的广域覆盖特性以弥补 1x EV-DO 网络建设初期在覆盖上的不足。

由于存在技术特点、网络结构、网络规划和业务互补性等多方面的相容性，从 CDMA 2000 1x 向 1x EV-DO 演进，有利于快速部署网络，降低设备投资和网络运行维护成本。

7.2.2　1x EV-DO 协议与物理层技术

1. 1x EV-DO 网络参考模型

1x EV-DO 网络参考模型主要包括接入终端（Access Terminal，AT）、接入网（Access Network，AN）、PCF、AN-AAA、PDSN 及 AAA 等功能实体，1x EV-DO Release 0 网络参考模型如图 7-3 所示。

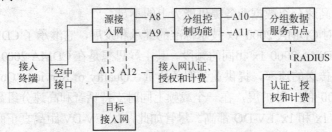

图 7-3　1x EV-DO Release 0 网络参考模型

（1）AT

AT 是为用户提供数据连接的设备，它可以与计算设备（如个人计算机）连接，或自身为一个独立的数据设备（如手机）。AT 由移动设备（Mobile Equipment，ME）和用户识别模块（User Identity Module，UIM）两部分组成。

（2）AN

AN 是在分组网（主要为互联网）和接入终端之间提供数据连接的网络设备，完成基站收发、呼叫控制及移动性管理等功能。AN 类似于 CDMA 2000 1x 系统中的基站，由基站控制器（BSC）和基站收发信机（BTS）组成。通常，BTS 完成 Um 接口物理层协议功能，BSC 完成 Um 接口其他协议层功能、呼叫控制及移动性管理。A8/A9、A12、A13 接口在 AN 的附着点是 BSC，BSC 与 BTS 之间通过 Abis 接口相连。Abis 接口是非标准接口，在 CDMA 2000 相关规范中未规定其协议层结构。

（3）AN-AAA

AN-AAA 是接入网执行接入鉴权和对用户进行授权的逻辑实体，它通过 A12 接口与 AN 交换接入鉴权的参数及结果。在空中接口 PPP-链路控制协议（Link Control Protocol，LCP）协商阶段，可以进行询问握手认证协议（Challenge Handshake Authentication Protocol，CHAP）鉴权。在 AT 与 AN 之间完成 CHAP 查询-响应信令交互后，AN 向 AN-AAA 发送 A12 接入请求消息，请求 AN-AAA 对该消息所指示的用户进行鉴权。AN-AAA 根据所收到的鉴权参数和保存的鉴权算法，计算鉴权结果，并返回鉴权成功或失败指示。若鉴权成功，则同时返回用户标识（Mobile Node Identification，MNID 或 International Mobile Subscriber Identification Number，IMSI），用作建立 R-P 会话时的用户标识。

（4）PCF

PCF 与 AN 配合完成与分组数据业务有关的无线信道控制功能。在具体实现时，PCF 可以与 AN 合设，此时 A8/A9 接口变成 AN/PCF 的内部接口。PCF 通过 A10/A11 接口与 PDSN 进行通信。1x EV-DO 的 PCF 与 CDMA 2000 1x 的 PCF 功能相同。

（5）PDSN

在 1x EV-DO 网络中，PDSN 作为网络接入服务器，主要完成以下 3 方面的功能。

① 负责建立、维持和释放与 AT 之间的 PPP 连接。

② 负责完成移动 IP 接入时的代理注册。当 PDSN 收到 AT 的鉴权及注册请求时，协助归属 HAAA（Home AAA，HAAA）完成对用户的鉴权及注册功能。PDSN 根据 HAAA 的鉴权结果，允许或拒绝 AT 的分组数据业务接入请求。

③ 转发来自 AT 或互联网的业务数据。对于 AT 发起的分组数据业务，PDSN 在收到的数据分组头中添加差分服务代码点（Differential Service Code Point，DSCP）标识，指示该数据业务的优先级或 Qos 要求，互联网根据 DSCP 标识进行路由选择和执行流控等。

（6）AAA

AAA 负责管理分组网用户的权限、开通的业务、认证信息和计费数据等内容。由于 AAA 采用的主要协议是远程用户拨号认证服务（Remote Authentication Dial In User Service，RADIUS），故 AAA 也常被称为 RADIUS 服务器。AAA 可分为访问 AAA（Visitor AAA，VAAA）、归属 AAA（Home AAA，HAAA）和账单 AAA（Bill AAA，BAAA）三类。VAAA 向 HAAA 转发来自 PDSN 的用户鉴权请求；HAAA 执行用户鉴权，并返回鉴权结果，同时进行用户授权；VAAA 收到鉴权结果后，保存计费信息，并向 PDSN 转发用户授权。

2. 1x EV-DO 空中接口协议模型

1x EV-DO 空中接口协议栈结构如图 7-4 所示，它由 7 个协议层组成，从下到上依次为物理层、介质访问控制（Media Access Control，MAC）层、安全层、连接层、会话层、流层

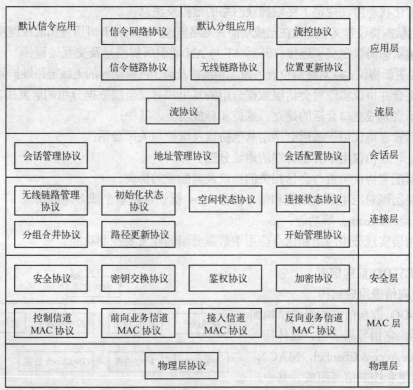

图 7-4 1x EV-DO 空中接口协议栈结构

和应用层。各协议层按功能划分，而非按承载划分，各层之间没有严格的上下层承载关系。在时间上，各层协议可以同时存在，不存在严格的先后关系；在数据封装上，业务数据自上而下进行封装，可以跨越部分协议层。各协议层的功能如下。

1）物理层规定了前反向物理信道的结构、输出功率、数据封装、基带及射频处理和工作频点等。

2）MAC 层完成对物理信道的访问控制功能，其中：

① 控制信道 MAC 协议规定了控制信道的传送方式和时序要求；

② 接入信道 MAC 协议规定了终端接入系统的方式和长码生成方式；

③ 前向业务信道 MAC 协议规定了前向业务信道的速率控制和复用/解复用方式；

④ 反向业务信道 MAC 协议规定了反向业务信道的捕获和速率选择机制。

3）安全层完成 CryptoSync 的生成、密钥交换、数据加密和空口鉴权等功能，其中：

① 安全协议用于生成鉴权协议和加密协议所需要的 CryptoSync 和时戳等变量；

② 密钥交换协议生成空口鉴权和数据加密所需要的密钥；

③ 鉴权协议完成安全层数据分组消息的完整性保护功能，可用于检验终端是否为某空口会话的合法拥有者；

④ 加密协议完成空口数据的加密。

4）连接层完成系统的捕获、连接的建立/维持/释放、连接状态下的移动性管理和链路控制、会话层数据分组的复用、安全层数据分组的解复用，其中：

① 无线链路管理协议用于维护 AT 与 AN 之间的无线链路状态；

② 初始化状态协议规定了终端捕获网络的过程及消息；

③ 空闲状态协议定义了终端在已成功捕获网络但连接尚未打开时所遵循的流程及消息；

④ 连接状态协议定义了连接打开后 AT 与 AN 通信所需消息及交互过程；

⑤ 路径更新协议实现对终端位置的跟踪和维护及跨子网移动时的无线链路维护等功能；

⑥ 分组合并协议实现对会话层数据分组的复用和对安全层数据分组的解复用功能。

5）会话层完成空口会话的建立、维持和释放功能，其中：

① 会话管理协议用于激活会话层其他协议及维护与关闭会话；

② 地址管理协议用于会话终端的地址分配；

③ 会话配置协议负责与会话相关的协议及其配置的协商。

6）流层实现对应用层数据流和信令流打 Qos 标识，将单个或多个应用流（Flow）合成为流层的径流（Stream）等功能。

7）应用层实现分组应用和信令应用中数据分组的收发及控制功能。

3. 1x EV-DO 前向信道

（1）前向信道组成结构

1x EV-DO 前向信道的组成结构如图 7-5 所示，它由导频信道、媒体接入信道（Media Access Channel，MAC）、前向业务信道和控制信道组成。其中，MAC 信道又分为反向活动（Reverse

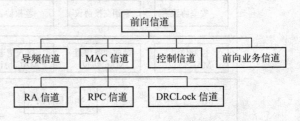

图 7-5　1x EV-DO 前向信道的组成结构

Activity，RA）子信道、反向功率控制（Reverse Power Control，RPC）子信道和数据速率控制锁定（Data Rate Control Lock，DRCLock）子信道。各信道的功能如下：

① 导频信道用于系统捕获、相干解调和链路质量的测量。

② RA 子信道用于传送系统的反向负载指示。

③ RPC 子信道用于传送反向业务信道的功率控制信息。

④ DRCLock 子信道用于传送系统是否正确接收数据速率控制（Data Rate Control，DRC）信道的指示信息。

⑤ 控制信道用于传送系统控制消息。

⑥ 业务信道用于传送物理层数据分组。

（2）前向信道时隙结构

1x EV-DO 前向以时分为主，以码分为辅。导频信道、MAC 信道及业务/控制信道之间时分复用；RPC 子信道与 DRCLock 子信道之间时分复用；不同用户 RPC/DRCLock 子信道与 RA 子信道之间码分复用。1x EV-DO 前向链路传送以时隙为单位，每个时隙为 5/3ms，由 2048 个码片组成，1x EV-DO 前向信道的时隙结构如图 7-6 所示。基站根据前向信道数据分组的大小和速率等参数，在 1～16 个时隙内完成传送。有数据时，业务信道时隙处于激活状态，各信道按一定顺序和码片数进行复用；没有数据时，业务信道时隙处于空闲状态，只传送 MAC 信道和导频信道。

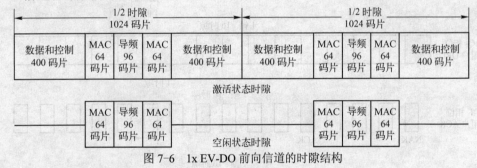

图 7-6 1x EV-DO 前向信道的时隙结构

4．1x EV-DO 反向信道

（1）反向信道组成结构

1x EV-DO 反向信道的组成结构如图 7-7 所示，它由接入信道和反向业务信道组成。接入信道用于传送基站对终端的捕获信息，包括导频信道和数据信道。导频信道用于反向链路相干解调和定时同步，以便系统捕获接入终端；数据信道携带基站对终端的捕获信息。

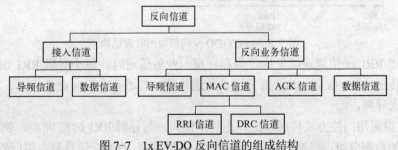

图 7-7 1x EV-DO 反向信道的组成结构

反向业务信道由导频信道、MAC 信道、确认（Acknewledgement，ACK）信道及数据信道组成。其中，MAC 信道又分为反向速率指示（Reverse Rate Indicater，RRI）子信道和 DRC 子信道。反向业务信道用于传送反向业务信道速率指示信息和来自反向业务信道 MAC 协议的数据分组，同时用于传送前向业务信道速率请求信息和终端是否正确接收前向业务信道数据分组的指示信息。各信道的功能如下。

① 导频信道实现连接状态下对反向链路的相干解调和定时控制，还可用于链路质量估计，系统由此计算反向业务信道的闭环功率控制信息。

② RRI 子信道用于指示反向业务信道数据部分的传送速率。

③ DRC 子信道携带终端请求的前向业务信道数据速率及其通信基站标识，分别用 DRCValue 和 DRCCover 表示。

④ ACK 信道用于指示终端是否正确接收前向业务信道数据分组。

⑤ 数据信道用于传送来自反向业务信道 MAC 层的数据分组。

（2）反向信道时隙结构

1x EV-DO 反向信道以帧为单位发送数据，结构如图 7-8 所示。导频/RRI 信道与 ACK 信道合成为正交扩展器的 I 支路输入，DRC 子信道与数据信道合成为正交扩展器的 Q 支路输入。

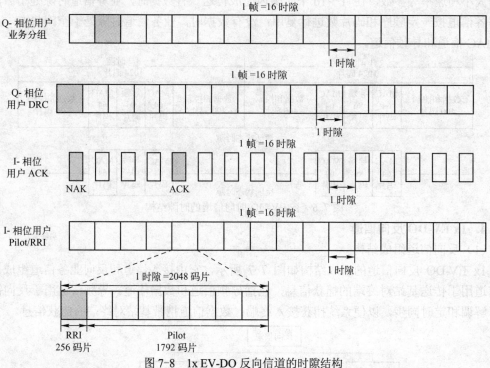

图 7-8　1x EV-DO 反向信道的时隙结构

导频信道/RRI 子信道连续发送。当存在反向业务信道时，每个导频/RRI 时隙的前 256 个码片用于传送 RRI 信息，其余部分用于传送导频；若不存在反向业务信道，导频/RRI 信道仅用于传送导频。

ACK 信道采用门控方式传送，工作在同步模式，与导频/RRI 时隙同步。例如，对于在时隙 n 发送的数据分组，终端在时隙 $n+3$ 返回 ACK 信息。ACK 信息只占用应答时隙的前半段以节省终端功率。

DRC 信道既可以连续发送，也可以工作在门控方式。

7.2.3 1x EV-DO 空中接口关键技术

1x EV-DO 系统作为互联网的无线延伸，当初主要是针对具有非对称性、突发性和较高带宽要求的无线互联网业务而设计的，设计优化的主要目标是在保证可靠无线传送的前提下，获得较高的系统容量和频谱效率。为了达到这一要求，1x EV-DO 前向链路采用了时分复用、自适应调制编码、HARQ、多用户调度、功率分配和虚拟软切换等关键技术；反向链路采用了速率控制和功率控制机制。

1. 前向时分复用

在 1x EV-DO 中，前向信道作为一个"宽通道"，供所有的用户时分共享。最小分配单位是时隙（Slot），一个时隙有可能分配给某个用户传送数据或是分配给开销消息（称为 Active Slot），也有可能处于空闲状态，不发送任何数据（称为 Idle Slot），1x EV-DO 前向信道时分复用如图 7-9 所示。

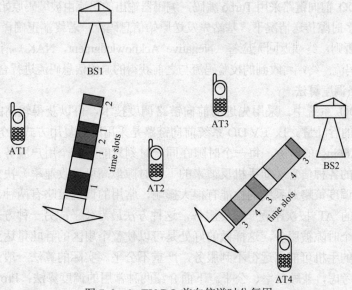

图 7-9　1x EV-DO 前向信道时分复用

针对分组业务的突发性特点，前向链路采用时分复用方式，避免了码分复用方式导致的同扇区多用户干扰和低速用户分享系统功率导致的资源利用率下降等问题。1x EV-DO 前向链路的时分复用体现在两个方面。

1）不同的前向信道分时共享每个时隙，每种信道都满功率发射。

2）不同用户分享系统的时隙资源，在每个时隙内，系统只为特定用户服务。

2. 前向自适应调制和编码技术

在 1x EV-DO 系统中，终端测量当前时隙前向导频的信号与干扰加噪声比（Signal to Interference plus Noise Ratio，SINR），预测下一时隙内前向链路所能支持的最大传送速率，并通过 DRC 信道上报给基站。基站根据调度算法选择被服务用户，并按照该用户请求的数据速率选择调制和编码方式。这种方法称为"自适应调制编码"，影响其性能的主要因素如下。

（1）前向链路质量估计不准确

若对前向导频 SINR 的估计过高，则对应的 DRC 请求速率较高。基站以此速率发送数据时，由于实际信道无法支持该速率，从而导致重传比率上升；若对前向导频 SINR 的估计过低，则对应的 DRC 请求速率较低，从而导致无线信道资源的浪费。

（2）多时隙分组传送时前向链路质量发生变化

多时隙传送期间，传送速率与前向链路实际支持的速率失配，将会导致无线资源的浪费。

3．前向 HARQ

传统的自动重传请求（Automatic Repeat reQuest，ARQ）技术（如停止等待 ARQ、后退 N 步 ARQ 和选择重传 ARQ 等）都有一个共同缺点，即只对错误帧进行重传，本身没有纠错功能。为了节约系统资源，1x EV-DO 系统采用了信道编码的检纠错功能与传统 ARQ 重传功能相融合的混合自动重传请求（Hybrid Automatic Repeat reQuest，HARQ）技术。

在 1x EV-DO 系统中，为了获得小的分组错误率（Packet Error Rate，PER），DRC 请求的速率通常比较保守，特别是在快速变化的信道条件下，DRC 请求速率通常低于前向链路实际所能支持的最大传送速率，从而导致前向链路资源的浪费。HARQ 机制部分解决了这个问题，具体方法为：1x EV-DO 前向链路采用 Turbo 编码，编码器输出的码流由被编码原始信息码流及其校验码流组成。在多时隙传送情况下，基站先发送原始信息码流，若终端正确译码，则提前中止传送后续码流。否则，终端返回无应答（Negative Acknowledgment，NAK）消息，系统收到后重传其后续校验码流。终端将收到的校验码流与之前获得的原始信息码流进行合并译码。

4．前向链路调度算法

在 1x EV-DO 系统中，采用先进的前向链路调度技术，可以获得较高的多用户分集增益，并提高系统的吞吐量。1x EV-DO 系统前向链路是采用时分复用方式服务于所有的 AT，链路被划分为 1.66ms 的时隙，每一个时隙在同一时刻只能为一个用户服务。网络侧的调度程序根据收集到的各种信息（如手机反馈来的下一时隙最高可接收速率）决定下一时隙该为哪个手机服务。调度策略对系统的性能有很大影响，常用的调度策略有两种。最简单的调度策略是需要服务的 AT 按次序逐一接受服务，这种方法最为公平；另一种方式是 DRC 值最大的手机在下一个时隙被服务，这样做的好处是可以使整个扇区的吞吐量达到最大，但后果是信道环境不好的手机可能永远得不到服务，严重不公平。实际的算法一般是要把几个方面的因素结合起来考虑，兼顾效率、公平。下面介绍两种常用的调度算法：Proportional Fair 调度算法和 G-fair 调度算法。

（1）Proportional Fair 调度算法

每个 AT 被服务的机会与 AT 所要求的 DRC 成正比，与 AT 最近一段时间所接收的数据量成反比，这样达到一个相对的公平。调度算法对每一个用户维持一个变量，并且在每个时隙对它进行更新，整个算法可描述为调度和更新两个主要过程。

（2）G-Fair 调度算法

G-Fair 调度算法是 Proportional Fair 调度算法的进一步发展。在 Proportional Fair 调度算法中，公平体现在调度算法分配给每个用户的吞吐量大致与用户的 DRC 要求成正比。而在实际应用中，可能需要使用别的公平准则，以及平衡公平与效率的关系。G-Fair 调度算法给运营商提供了更多的控制能力。

5．前向快速扇区选择和切换

前向快速扇区选择和切换也称为前向虚拟软切换，是 1x EV-DO 系统中采用的一种特殊类型的切换。它的定义是：任何一时刻，最多只有一个扇区在给同一个 AT 发送数据，AT 根据前向信道的好坏决定谁是当前的服务扇区。AT 选择服务扇区的过程就称为前向快速扇区选择和切换，如图 7-10 所示。

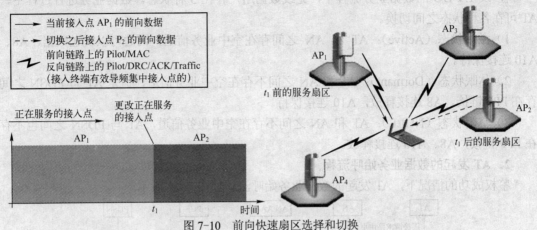

图 7-10　前向快速扇区选择和切换

1x EV-DO 系统的设计目标之一是为了支持非对称高速突发分组业务。设计系统时，一方面要保证突发数据传送所需要的较高瞬时带宽；另一方面要通过多个用户分时共享基站发射的全功率以提高系统容量。因此，在综合平衡系统容量和降低信令开销等性能要求后，1X EV-DO 系统采用了前向快速扇区选择和切换。具体原理如下。

1）在每个时隙内，终端连续测量激活集内所有导频的信噪比，从中选择信噪比最大的基站，作为自己的当前服务基站。

2）终端发送 DRC 信道，该 DRC 信道由所选定服务基站的标识 DRCCover 调制，激活集中的所有基站从中获悉终端的当前服务基站信息。

3）在每个时隙内，终端只能与当前服务基站进行数据通信，但是它与导频激活集内的所有基站之间都存在控制通路。

4）与软/更软切换相比，前向快速扇区选择和切换降低了切换信令开销，但无法提供与软/更软切换类似的宏分集增益。

6. 速率控制

速率控制技术是 1x EV-DO 所特有的关键技术之一。速率控制是指采用一定的机制来控制 AN（前向）或 AT（反向）的发射速率。根据控制对象的不同，速率控制可分为前向速率控制和反向速率控制。

1）1x EV-DO 前向链路优化的目标是系统吞吐量最大化，在前向链路采用时分复用和多用户调度技术，而分组传送速率是多用户调度的一个关键参数，因此如何根据无线链路质量和系统资源状况进行前向速率控制，就成为系统吞吐量性能改善所面临的重要问题。

2）1x EV-DO 反向链路优化的目标是当前服务扇区内所有用户的平均分组缓存队列长度尽量小，根据系统负载和终端缓存队列长度等因素，反向速率控制有助于提高反向链路无线资源的利用率。1x EV-DO 反向链路速率控制结合功率控制机制，可以更好地保证多用户接入和系统吞吐量等方面的要求。

7.2.4 1x EV-DO 数据业务流程

1. 无线数据用户的状态

在 1x EV-DO 的数据业务流程中，无线数据用户存在 3 种状态。数据业务进行过程中，AT 可在各种状态之间切换。

1）激活状态（Active）：AT 和 AN 之间存在空中业务信道，两边可以发送数据，A8、A10 连接保持。

2）休眠状态（Dormant）：AT 和 AN 之间不存在空中业务信道，但是 AT 与 PDSN 之间存在 PPP 链接，A8 连接释放，A10 连接保持。

3）空闲状态（NULL）：AT 和 AN 之间不存在空中业务信道，AT 与 PDSN 之间也不存在 PPP 链接，A8、A10 连接释放。

2. AT 发起的数据业务始呼流程

鉴权成功的情况下，AT 发起的数据业务始呼流程如图 7-11 所示。

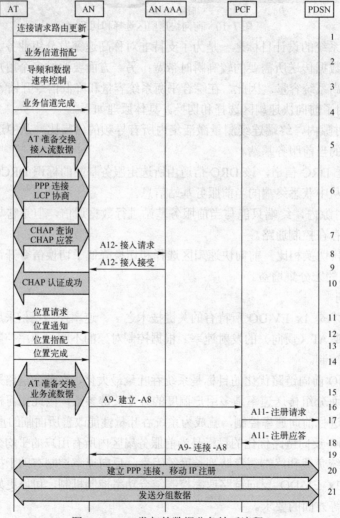

图 7-11 AT 发起的数据业务始呼流程

1）AT 向 AN 发送连接请求和路由更新消息，请求建立连接。

2）AN 构造业务信道指配消息，发送给 AT。

3）AT 在导频和数据速率控制信道上发送消息。

4）AT 发送业务信道完成消息，确认空中接口连接已经建立。

5）AT 与 AN 协商和交互接入流数据。

6）AT 与 AN 发起 PPP 连接及用于接入认证（Link Control Protocol，LCP）的协商。

7）AN 通过（Challenge Handshake Authentication Protocol，CHAP）消息向 AT 发起随机查询，AT 向 AN 发送 CHAP 响应消息。

8）AN 通过 A12 接口向 AN AAA 发送 A12-接入请求消息，请求接入。

9）AN AAA 通过 A12 接口返回 A12-接入接受消息，接受接入。

10）AN 向 AT 发送接入成功指示。

11）AN 向 AT 发送位置请求消息，发起位置更新。

12）AT 发送位置通知消息给 AN。

13）AN 向 AT 发送位置指配消息，更新接入网标识（Access Network Identifiers，ANID）。

14）AT 返回位置完成消息，完成位置更新过程。

15）AT 通知 AN 可以交换业务流数据。

16）AN 向 PCF 发送 A9-建立-A8 消息，请求建立 A8 连接。

17）PCF 向 PDSN 发送 A11-注册请求消息，请求建立 A10 连接。

18）PDSN 返回 A11-注册应答消息。

19）PCF 向 AN 返回 A9-连接-A8 消息，A8 与 A10 连接建立成功。

20）AT 与 PDSN 之间协商建立 PPP 连接，Mobile IP 接入方式还要建立 Mobile IP 连接。

21）PPP 连接建立完成后，数据业务进入连接态。

3．AT 发起的呼叫激活流程

在 AT 处于休眠状态（Dormant）时，如果有数据传输，它将重新激活数据连接，即重新建立空口连接和 A8 连接。AT 发起的呼叫激活流程如图 7-12 所示。

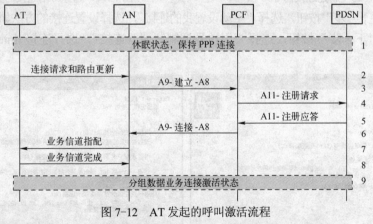

图 7-12　AT 发起的呼叫激活流程

1）AT 处于休眠状态，保持 PPP 连接。

2）AT 向 AN 发送连接请求和路由更新消息，请求建立空口连接。

3）AN 向 PCF 发送 A9-建立-A8 消息，请求建立 A8 连接。

4）PCF 向 PDSN 发送 A11-注册请求消息，请求记录计费相关信息。

5）PDSN 返回 A11-注册应答消息。

6）PCF 向 AN 返回 A9-连接-A8 消息，A8 连接建立成功。

7）AN 构造业务信道指配消息，发送给 AT。

8）AT 发送业务信道完成消息，确认空中接口连接建立。

9）分组数据业务进入连接激活状态。

7.3 任务实施

7.3.1 创建启动拨号连接

1. 创建拨号连接

1）进入操作系统"控制面板"中的"网络连接"，单击"创建一个新的连接"打开"新建连接向导"，如图 7-13 所示。

2）单击"下一步"按钮，选择"连接到 Internet"，选择网络连接的类型如图 7-14 所示。

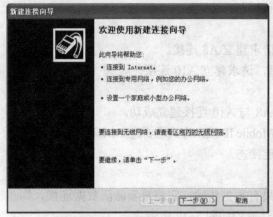

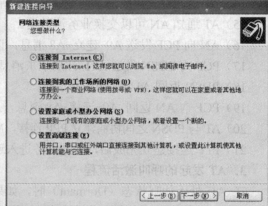

图 7-13　新建连接向导　　　　　　　　　　图 7-14　选择网络连接的类型

3）单击"下一步"按钮，选择"手动设置我的连接"，选择设置连接的方法如图 7-15 所示。

4）单击"下一步"按钮，选择"用拨号调制解调器连接"，选择连接 Internet 的方式如图 7-16 所示。

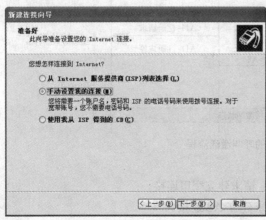

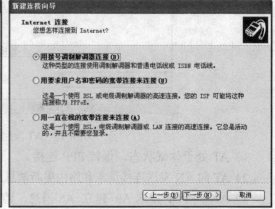

图 7-15　选择设置连接的方法　　　　　　　图 7-16　选择连接 Internet 的方式

5）单击"下一步"按钮，选择测试终端映射出来的端口，选择连接使用的设备如图 7-17 所示。

6）单击"下一步"按钮，输入拨号连接的名字，如图 7-18 所示。

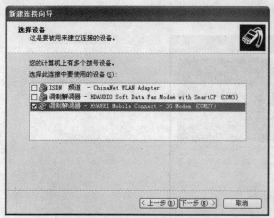
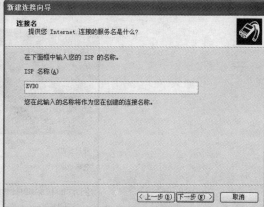

图 7-17　选择连接使用的设备　　　　　　　　　　图 7-18　输入拨号连接的名字

7）单击"下一步"按钮，输入拨号使用的号码"#777"，如图 7-19 所示。

8）单击"下一步"按钮，输入用户名和密码"card"，如图 7-20 所示。

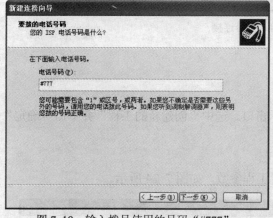
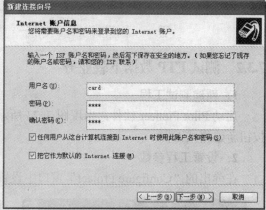

图 7-19　输入拨号使用的号码"#777"　　　　　　图 7-20　输入用户名和密码"card"

9）单击"下一步"按钮，完成拨号连接的创建，如图 7-21 所示。

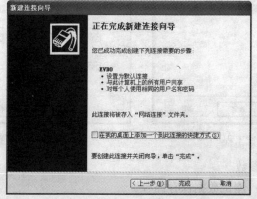

图 7-21　完成拨号连接的创建

2.启动拨号连接

进入操作系统"控制面板"中的"网络连接",用鼠标右键单击前面创建的网络连接"EVDO",在弹出的菜单选择"连接",打开"启动拨号连接"窗口,如图 7-22 所示。输入用户名和密码"card",选择拨号使用的号码"#777",单击"拨号"按钮启动连接。

图 7-22　启动拨号连接

7.3.2　测试 FTP 数据下载业务

1.新建测试工程

启动 Pilot Pioneer 软件,出现图 7-23 所示窗口。选中"创建新的工程"并单击"确定"按钮新建测试工程。

2.设置工程参数

在弹出的"Configure Project"窗口中设置工程参数,如图 7-24 所示。

图 7-23　新建测试工程

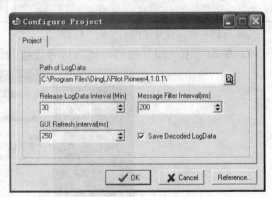

图 7-24　设置工程参数

(1)设置通用工程参数

① Path of LogData:测试数据保存路径。

前台软件对于测试数据有一个很大比例的压缩,压缩比大概是 1∶6 左右。压缩后数据文件

170

（Log 文件）的扩展名是".rcu"，例如"北京市_朝阳区_Cluster12_200809121314.rcu"。Pilot Pioneer 软件还有一个经过解码的数据文件，扩展名是".whl"，例如"北京市_朝阳区_Cluster12_200809121314.whl"。需要保存的是原始压缩格式数据，也就是扩展名是.rcu 的数据文件。这个文件就存储在 Path of LogData 设定的目录中。

② Release LogData Interval（Min）：测试中内存数据释放时间。

此参数是指解码数据在内存中的保存时间，具体表现为地图窗口中测试路径显示时长。软件默认设置为 30min，在测试进行了 1h 的时候，只能在地图窗口中看到后 30min 的数据，前面的数据就消失了。但这并不意味着数据丢失了，只是在地图窗口中没有显示而已。在后台回放时，路径还是可以正常显示的。设置较小的时长可以减轻计算机的运算压力，但窗口显示的参数值是使用缓存中的解码数据计算得到的，过快释放缓存可能导致来不及计算要显示的参数。此时如果想正常查看数据，就只能通过回放实现，因此建议用户不要设置过短的释放时间。

③ GUI Refresh Interval（ms）：Graph 窗口刷新间隔。

④ Message Filter Interval（ms）：信令解码间隔。

⑤ Save Decoded LogData：是否在计算机硬盘上实时保存解码数据。

（2）设置高级工程参数

单击"Reference"按钮打开"Reference Option"窗口，设置数据分段保存方式如图 7-25 所示。通过"General"选项卡中的"LogData Save Option"可指定数据分段保存方式。选中"Auto switch to save by time"复选框，时间设为 60min。

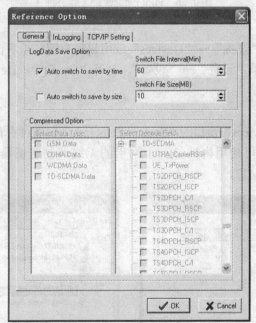

图 7-25　设置数据分段保存方式

① Auto switch to save by time：按测试时长自动断开 Log 文件。

② Auto switch to save by size：按文件大小自动断开 Log 文件。

单击"OK"按钮激活"Configure Project"窗口，单击其中的"OK"按钮完成工程参数的设置并进入 Pilot Pioneer 工作界面,如图 7-26 所示。Pilot Pioneer 工作界面左侧为导航栏,右侧为工作区。

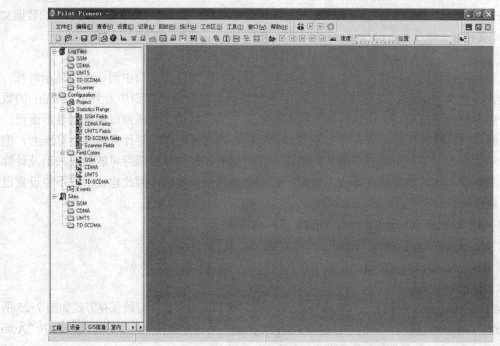

图 7-26　Pilot Pioneer 的工作界面

3．配置连接设备

用鼠标双击导航栏"设备"→"Devices"或用鼠标右键单击后在弹出的快捷菜单中选择"编辑",或者选择主菜单"设置"→"设备",打开"Configure Devices"窗口,如图 7-27所示。

（1）查看设备端口号

选择"Configure Devices"窗口的"System Ports Info"板面可查看设备端口号,如图 7-28所示。其中测试手机(可使用内插 3G 上网卡的无线调制解调器代替)的 Trace 端口为COM28,AT 端口为 COM27。

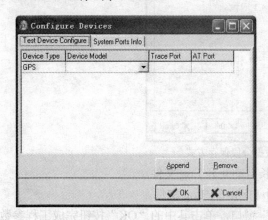

图 7-27　"Configure Devices"窗口

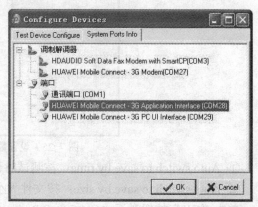

图 7-28　查看设备端口号

172

（2）配置测试手机

单击"Configure Devices"窗口中的"Append"按钮，增加一行空白数据并完成以下配置，配置设备参数如图 7-29 所示。

① 单击"Device Type"列，在下拉菜单中选择设备类型"Handset"。

② 单击"Device Model"列，打开"Select Device Model"对话框，选择手机型号如图 7-30 所示。选择手机型号"Huawei C810E"，单击"OK"按钮激活"Configure Devices"窗口。

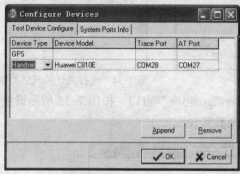
图 7-29　配置设备参数

图 7-30　选择手机型号

③ 单击"Trace Port"列，在下拉菜单中选择端口"COM28"。

④ 单击"AT Port"列，在下拉菜单中选择端口"COM27"。

单击"Configure Devices"窗口中的"OK"按钮，完成设备配置并返回 Pilot Pioneer 工作界面。

4. 创建测试模板

1）用鼠标双击导航栏"设备"→"Templates"或用鼠标右键单击后在弹出的快捷菜单中选择"编辑"，或者选择主菜单"设置"→"测试模板"，打开"Template Maintenance"窗口，如图 7-31 所示。

2）单击"New"按钮，弹出"Input Dialog"窗口。输入新建测试模板的名字"FTP_test"，输入测试模板名字如图 7-32 所示。

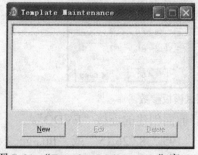
图 7-31　"Template Maintenance"窗口

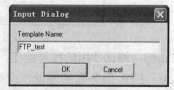
图 7-32　输入测试模板名字

3）单击"OK"按钮，激活"Template Configuration"窗口。由于 FTP 数据下载业务，因此选择"New FTP"，选择测试的业务类型如图 7-33 所示。

4）单击"OK"按钮，弹出"Select Network"窗口。由于测试 CDMA 2000 系统，所以选择"CDMA"，选择测试的网络类型如图 7-34 所示。

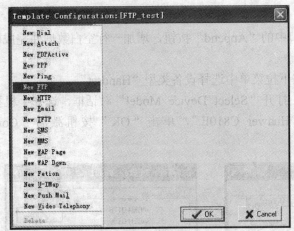
图 7-33　选择测试的业务类型

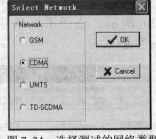
图 7-34　选择测试的网络类型

5）单击"OK"按钮，激活"Template Configuration"窗口。按图 7-35 所示设置测试模板参数，单击"OK"按钮完成。测试模板主要参数说明如下。

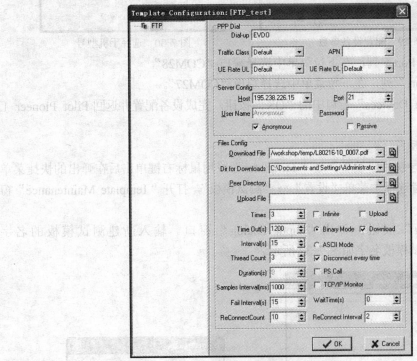
图 7-35　设置测试模板参数

① Dial-up：测试使用的拨号连接，此处选择前面创建的连接"EVDO"。

② Host：FTP 服务器的地址，此处可填写"195.238.226.15"或"ftp.3gpp2.org"。Host 后面的 Port 是 FTP 协议端口号，默认为"21"。

③ Anonymous：如果选中了此项，将采用匿名方式访问 FTP 服务器。

④ Download File：从 FTP 服务器中下载的文件路径和名称。可单击文本框后面的"🔲"按钮，打开"Select remote file"窗口，用鼠标双击要下载的文件并单击"OK"按钮，选择要下载的文件如图 7-36 所示。

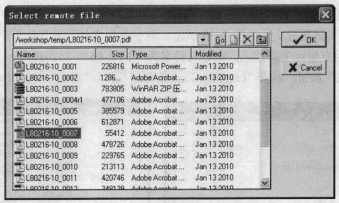

图 7-36 选择要下载的文件

⑤ Dir for Downloads：下载文件保存在本地的目录。可单击文本框后面的搜索按钮选择本地目录，用于存储从 FTP 服务器中下载的文件。

⑥ Times：文件下载的次数，此处设为下载 3 次。

⑦ Time Out(s)：下载时间限制。此处设为 1200s，即 20min。

⑧ Interval(s)：两次下载间的间隔，此处设为 15s。

⑨ Binary Mode 和 ASCII：以二进制或 ASCII 码形式下载文件，此处选择 "Binary Mode"。

⑩ Upload 和 Download：上传可下载数据，此处选择 "Download"。

5. 保存测试工程

单击工具栏中的 "🖫" 按钮或选择主菜单 "文件" → "保存" → "工程"，打开 "Save Project As" 窗口，保存测试工程如图 7-37 所示。选择工程保存路径并输入文件名称（工程文件的扩展名为 ".pwk"），单击 "保存" 按钮确认。工程保存后，下次测试时可直接打开使用。

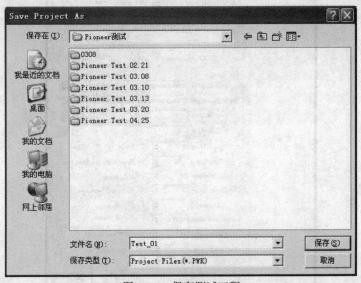

图 7-37 保存测试工程

6. 开始测试

1）选择主菜单 "记录" → "连接" 或单击工具栏中的 "🏭" 按钮，连接设备。

2）选择主菜单"记录"→"开始"或单击工具栏中的"▣"按钮，打开"Save Log File"窗口，指定测试数据文件如图 7-38 所示。测试数据文件名称默认采用"XXX_日期-时分秒"的格式，用户也可重新指定，此处文件名为"FTP_0515-152910"。

3）单击"OK"按钮，弹出"Logging Control Win"窗口，测试控制窗口如图 7-39 所示。

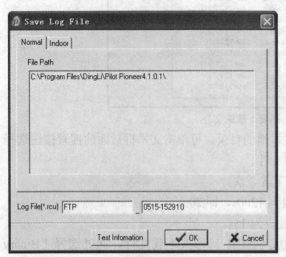

图 7-38 指定测试数据文件

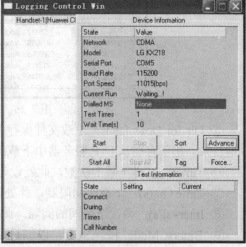

图 7-39 测试控制窗口

4）选择对话框左侧的测试终端"Handset-1（Huawei C810E）"，单击"Advance"按钮打开"Modify Template of Handset-1（Huawei C810E）"窗口，定制测试计划如图 7-40 所示。

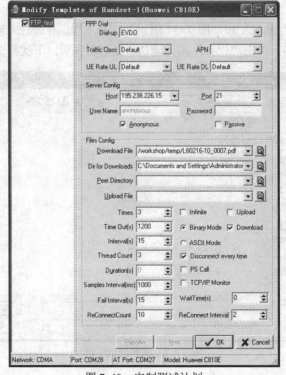

图 7-40 定制测试计划

5）选中左侧的测试模板"FTP_test"，将其应用于定制的测试计划，单击"OK"按钮激活"Logging Control Win"对话框。单击"Start"按钮开始执行测试计划,如图7-39所示。

7. 显示测试信息

(1) 显示下载进度

用鼠标双击导航栏"工程"→"Log Files"→"CDMA"中测试数据"FTP_0515-152910-1"下面的"Data Test",打开"Data Test"窗口显示下载进度,显示下载进度如图7-41所示。

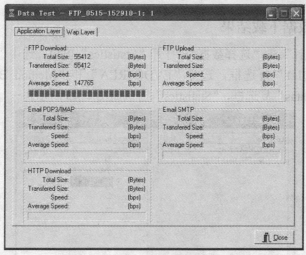

图7-41 显示下载进度

(2) 显示测试数据

用鼠标双击或将导航栏"工程"→"Log Files"→"CDMA"中测试数据"FTP_0515-152910-1"下面的"Map""Information""Graph""Message"或"Events List"拖入工作区,即可分类显示测试信息,如图7-42所示。测试过程中数据显示窗口即时刷新,"Event List"和"Map"窗口可正常显示的时间范围由工程参数"Release LogData Interval"来决定。

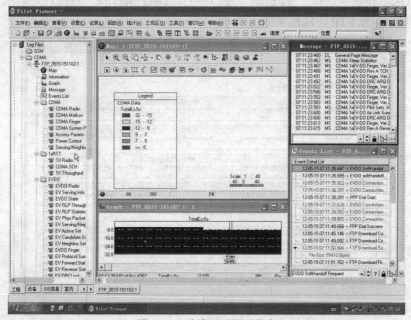

图7-42 分类显示测试信息

8. 结束测试

1）单击工具栏中的"🔅"按钮，激活"Logging Control Win"窗口。单击"Stop"按钮终止测试计划的执行，如图 7-39 所示。

2）单击工具栏中的"▣"按钮，停止向数据文件中写入数据。

3）单击工具栏中的"🎮"按钮，断开设备连接。

7.3.3 查看 FTP 数据下载结果

选择主菜单"统计"→"选择数据"，打开"Statistics"窗口。选中"CDMA LogDatas"和"FTP_0515-152901-1"复选框，选择"EVDO REA"和"Method B"单选按钮，选中"Fields include drop datas"复选框，"Statistics"窗口如图 7-43 所示。

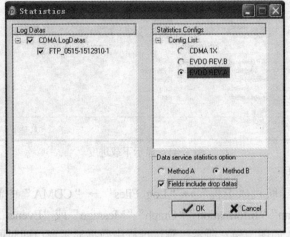

图 7-43 "Statistics"窗口

单击"OK"按钮并选择"Statistics"窗口中的"Data Service"板面，可显示 FTP 下载结果相关信息，显示 FTP 下载结果如图 7-44 所示。

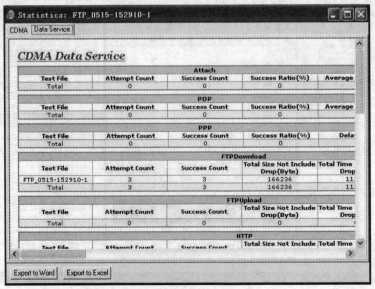

图 7-44 显示 FTP 下载结果

7.4 验收评价

7.4.1 任务实施评价

"测试 FTP 下载业务"任务评价表如表 7-2 所示。

表 7-2 "测试 FTP 下载业务"任务评价表

任务 7 测试 FTP 下载业务				
班级		小组		
评价要点	评价内容	分值	得分	备注
基础知识 (40 分)	明确工作任务和目标	5		
	数据业务测试方法和数据采集要求	5		
	1x EV-DO 协议与物理层技术	10		
	1x EV-DO 空中接口关键技术	10		
	1x EV-DO 数据业务流程	10		
任务实施 (50 分)	创建拨号网络连接	15		
	测试 FTP 数据下载业务	20		
	查看 FTP 数据下载结果	15		
操作规范 (10 分)	按规范操作，防止损坏仪器仪表	5		
	保持环境卫生，注意用电安全	5		
合计		100		

7.4.2 思考与练习题

1. 简述 DT 和 CQT 测试数据资料的内容。
2. 简述 CDMA 2000 1x 向 1x EV-DO 的演进。
3. 简述 1x EV-DO 网络参考模型和各功能实体的作用。
4. 简述 1x EV-DO 空中接口协议栈结构。
5. 简述 1x EV-DO 前向信道的组成结构。
6. 简述 1x EV-DO 反向信道的组成结构。
7. 1x EV-DO 空中接口使用了哪些关键技术？
8. 1x EV-DO 系统中数据用户有哪些状态？
9. 简述 AT 发起的数据业务始呼流程。
10. 简述 AT 发起的呼叫激活流程。

参 考 文 献

[1] 孙社文，傅海明. cdma2000 无线网络测试与优化[M]. 北京：人民邮电出版社，2011.

[2] 龚雄涛，李筱林，苏红富. CDMA 2000 网络规划与优化案例教程[M]. 西安：西安电子科技大学出版社，2011.

[3] 赵强. cdma2000 1x EV-DO 系统、接口与无线网络优化[M]. 北京：人民邮电出版社，2013.

[4] 杨峰义，朱彩勤，胡春雷，沈文翠，齐阳，李斌. cdma2000 网络优化典型案例分析[M]. 北京：人民邮电出版社，2011.

[5] 李怡滨. CDMA2000 1X 网络规划与优化[M]. 北京：人民邮电出版社，2005.

[6] 华为技术有限公司. CDMA2000 1X 无线网络规划与优化[M]. 北京：人民邮电出版社，2005.

[7] 中兴通讯《CDMA 网络规划与优化》编写组. CDMA 网络规划与优化[M]. 北京：电子工业出版社，2005.

[8] 沈少艾. cdma2000 网络优化原理与实践[M]. 北京：人民邮电出版社，2011.

[9] 张传福，彭灿，胡敖，刘晓甲，卢辉斌. CDMA 移动通信网络规划设计与优化[M]. 北京：人民邮电出版社，2006.

[10] 刘建成. 移动通信技术与网络优化[M]. 北京：人民邮电出版社，2009.

[11] 邹铁刚，刘建民，张明臣. 移动通信网络优化技术与实战[M]. 北京：清华大学出版社，2015.

[12] 彭木根，王文博. 3G 无线资源管理与网络规划优化[M]. 北京：人民邮电出版社，2006.